Gustav Leipoldt

Die Leiden des Europäers im afrikanischen Tropenklima

und die Mittel zu deren Abwehr

Gustav Leipoldt

Die Leiden des Europäers im afrikanischen Tropenklima
und die Mittel zu deren Abwehr

ISBN/EAN: 9783744626217

Hergestellt in Europa, USA, Kanada, Australien, Japan

Cover: Foto ©berggeist007 / pixelio.de

Weitere Bücher finden Sie auf **www.hansebooks.com**

PROGRAMM

des

Königl. Gymnasiums zu Dresden-Neustadt,

durch welches zugleich

zu der feierlichen Entlassung der Abiturienten

am 22. März

und

zu den öffentlichen Prüfungen der Klassen

am 23. und 24. März

im Namen des Lehrerkollegiums

ergebenst einladet

Professor Dr. Martin Wohlrab,
Rektor.

XIII.

Inhalt:

Dr. GUSTAV LEIPOLDT: Die Leiden des Europäers im afrikanischen Tropenklima und die Mittel zu deren Abwehr.

Bericht über das Schuljahr 1886/87.

Dresden,
Druck von B. G. Teubner.
1887.

187. Progr. Nr. 500.

Die

Leiden des Europäers im afrikanischen Tropenklima und die Mittel zu deren Abwehr.

Oberlehrer Dr. **Gustav Leipoldt.**

— ——

Seit nahezu vier Jahrhunderten kennen wir die Küstenumrisse des afrikanischen Festlandes. Dennoch wissen wir trotz der heldenmütigen Anstrengungen zahlreicher Forscher von keinem Erdteile verhältnismäßig so Ungenügendes wie von diesem. Diese Thatsache hat darin ihren Grund, daß Afrika durch die Natur weit besser als andere Erdräume gegen fremde Eindringlinge geschützt ist. Nirgends erschließt ein tiefer Meereseinschnitt dem Schiffer einen Pfad in das Innere Afrikas; nirgends ermöglichen ihm die Ströme eine Fahrt in das Herz des Kontinents, da ihre zahlreichen Wasserfälle das Boot des Reisenden meist gar bald zur Umkehr nötigen. Dieser Mangel an natürlichen Wasserstraßen ist um so empfindlicher, als in vielen Teilen Afrikas keine Lasttiere dem Menschen zur Verfügung stehen und endlich auch die Bevölkerung Afrikas dem vordringenden Europäer alle nur denkbaren Hindernisse in den Weg legt. Da die Eingebornen niemals die idealen Zwecke eines europäischen Forschers zu begreifen vermögen, so begegnen sie ihm stets mit großem Mißtrauen. Die Mohammedaner hassen in ihm nach dem Gebot des Koran den Christen, und die dem Fetischdienst ergebenen Neger erkennen in ihm den Träger verderbenbringender Gewalten; beide aber betrachten ihn als eine von Eroberungsgelüsten erfüllte Person und suchen daher auf jede Weise seine Pläne zu durchkreuzen. Noch viel gefährlicher aber als fanatische Menschen ist für den Europäer ein Feind, der ihn gleichfalls allüberall im tropischen Afrika umlauert und leider nur allzu häufig seiner Laufbahn ein jähes Ende bereitet: das mörderische Klima. Man macht sich gewiß keiner Übertreibung schuldig, wenn man behauptet, daß die Hälfte aller Reisenden, welche sich bisher in den dunklen Erdteil gewagt haben, ein Opfer dieses heimtückischen Tropenklimas geworden sind.

Wenn sich nun Krankheit und Tod so oft im Gefolge des Afrikaforschers befinden, wie konnten dann Männer unseres Volkes so unbedachtsam handeln und Kolonien in Erdräumen gründen, die vom Fieber und anderen Krankheiten in so ganz außerordentlicher Weise heimgesucht werden? So lautet ein sehr beachtenswerter Einwand, welchen die Gegner unserer kolonialpolitischen Bestrebungen mit Nachdruck geltend machen. Vielleicht möchte ein Verteidiger dieser Bestrebungen hierauf erwidern: Die deutschen Erwerbungen in Afrika sind so groß, daß wir uns bei unserer Kolonisationsarbeit füglich auf die gesünderen Teile derselben beschränken, die ungesunden aber meiden können. Eine solche Entgegnung würde

1

jedoch eine völlige Unkenntnis der Verhältnisse verraten; denn im ganzen tropischen Afrika sind die fruchtbaren Gebiete ungesund, die gesunden aber unfruchtbar. In den gut benetzten Waldländern der Tropen spendet die Natur eine reiche Fülle von Gewächsen, liefert aber gleichzeitig die Keime zu den gefährlichsten Krankheiten. In den wasserarmen Steppen und Wüsten hingegen giebt es zwar gesunde Tage, aber nur eine kärgliche Nahrung. Wer also einen reicheren Lohn für seine Arbeit ernten will, — und das ist doch jedes Kolonisten Bestreben — der muß wohl oder übel gerade in den ungesundesten Gebieten der Tropenzone seine Thätigkeit entfalten.

Diese Erwägungen scheinen geeignet zu sein, unsere Freude an dem palmengeschmückten „Neu - Deutschland" wesentlich zu beeinträchtigen. Wir wollen indes mit unseren Schlüssen nicht allzu hastig sein; vielleicht liegen die Dinge doch in Wahrheit anders, als man zunächst glauben mag. Wir lernen die Gefahren des Tropenklimas gewöhnlich aus den Berichten von Reisenden kennen, deren Leben ein außerordentlich bewegtes ist und deren Körperkräfte fast systematisch zu Grunde gerichtet werden durch Strapazen aller Art, durch anstrengende Märsche, durch Mangel an Nahrungsmitteln, durch Wind und Wetter, durch starke Gemütserschütterungen, etwa durch heftigen Schreck oder Ärger über die feindselige Haltung der Bevölkerung und ähnliches. Wollte jemand unter gleich ungünstigen Bedingungen unsere heimatlichen Länder durchwandern: fürwahr, seine Gesundheit und sein Leben wären in gleichem Maße bedroht wie auf afrikanischer Erde. Sicherlich sind ebenso viele Erkrankungen unter den Tropen auf die ungeregelte Lebensweise der Reisenden zurückzuführen wie auf das schlimme Klima. In stetigen, wohlgeordneten Verhältnissen dürfte der Europäer zweifellos viel bessere Erfahrungen über dasselbe machen.

Natürlich kann man nicht leugnen, daß in dem Tropenklima immerhin noch eine Menge Gefahren für den Europäer bestehen. Lassen sich nun dieselben auf irgend einem Wege überwinden? Wenn bei uns in manchen Städten, ja in weiten Landschaften, welche früher gefürchtete Krankheitsherde waren, durch zweckmäßige Anlagen und durch strenge Handhabung gesundheitlicher Vorschriften jetzt ein beträchtlicher Rückgang der Krankheitserscheinungen erzielt worden ist, so ist solches gewiß auch in den Tropengegenden möglich, und hierzu sollen die nachfolgenden Ausführungen mit verhelfen. Möchten sie den deutschen Kolonisten, die in Zukunft sicherlich in größerer Anzahl als bisher das tropische Afrika aufsuchen werden, zum Segen gereichen und so den großen überseeischen Interessen des Deutschen Reiches und deutschen Volkes förderlich sein! Bevor wir aber auf die Leiden des Europäers im tropischen Afrika und die Mittel zu deren Abwehr näher eingehen, ist es nötig, eine kurze Darstellung des Tropenklimas zu geben.

I. Das Tropenklima und der menschliche Körper.

A. Die Eigentümlichkeiten des Tropenklimas.

Keine Zone der Erde weist einen so regelmäßigen Verlauf der Witterung auf wie die tropische. Jene launenhaften Änderungen des Wetters, wie sie in unseren Breiten so häufig vorkommen, Änderungen, die zu dem täglichen und jährlichen Laufe der Sonne in keiner erkennbaren Beziehung stehen, sind nicht häufig. Diese regelrechte Entwicklung des

Wetters, welche die Wetterprognosen dort fast überflüssig erscheinen läßt, hat darin ihren Grund, daß die mittlere Temperatur und der Luftdruck nur einem geringen Wechsel unterworfen sind und somit auch das System der Luftströmungen ein ziemlich stetes ist.

Die mittlere Wärme der Luft am Meeresspiegel liegt in den Tropen zwischen 20 und 30° C. (im mittleren Deutschland nur 10° C.). Die jährliche Wärmeschwankung ist sehr gering; denn die mittleren Temperaturen des wärmsten und kältesten Monats weichen am Äquator nur 1 bis 5" C. (Gabun 2,5°, Loangoküste 4,6") und selbst am Rande der tropischen Zone (z. B. in Khartum) nur 13° C. voneinander ab (in Mitteldeutschland 20" C.). Dagegen ist die mittlere tägliche Wärmeschwankung verhältnismäßig groß; sie beträgt 5 bis 13" C. (in Chinchoxo an der Loangoküste 6,1° C., zu Bakel in Senegambien 12,1" C.). Die große Gleichmäßigkeit der Temperaturen während des ganzen Jahres wird hauptsächlich dadurch herbeigeführt, daß sowohl die Sonnenhöhe und somit die Kraft der Sonnenstrahlung, als auch die Tageslänge im Laufe eines Jahres nur geringe Änderungen erleiden.

Da die Wärme durch alle Monate hindurch nahezu dieselbe bleibt, so ist es begreiflich, daß man bei der Abgrenzung der Jahreszeiten die Temperaturen gar nicht berücksichtigt. Man kennt hier also keinen Sommer und Winter, wenigstens nicht in dem Sinne, wie wir diese Worte brauchen. Viel schärfer hebt sich dort die Regenzeit von der Zeit der Trockenheit ab, und da Regen und Trockenheit außerdem einen ganz wesentlichen Einfluß ausüben auf das Leben in der Natur und auf die menschliche Thätigkeit, so sind sie auch für die Einteilung des Jahres in größere Zeitabschnitte maßgebend.

So lange an irgend einem Orte der Passat weht, herrscht meist Sonnenschein und Trockenheit. Wenn aber die Sonne ihren höchsten Stand erreicht, so erstirbt der Passat, und schwache, wechselnde Winde treten an seine Stelle. Zu dieser Zeit werden die unteren Schichten der Atmosphäre stark erwärmt und aufgelockert, und es vollzieht sich, namentlich während der Tageshitze, eine langsam aufsteigende Bewegung der warmen, feuchten Luft. Hierbei gelangen die massenhaften Wasserdämpfe der unteren Luftschichten in die kalten oberen Regionen und werden hier stark verdichtet, also in Tropfen verwandelt. Infolge der hohen Wärme und des außerordentlichen Wasserdampfgehalts der Luft entladen sich um diese Zeit die Wetter an jedem Tage mit furchtbarer Macht.

Innerhalb eines Jahres steht die Sonne an jedem Orte der Tropenzone zweimal im Zenith; demnach giebt es am Äquator und zu beiden Seiten desselben bis dahin, wo die beiden Zenithstände noch durch einen längeren Zeitraum getrennt sind, zwei gesonderte Regenzeiten, welche sich jedoch am Nord- und Südrande der Tropenzone zu einer einzigen verschmelzen. Da die Tropenregen bei höchstem Sonnenstande erfolgen, so darf man sie zwar mit einem gewissen Rechte als Sommerregen bezeichnen; doch hat man sich hierbei vor der irrtümlichen Auffassung zu hüten, daß sie immer den heißesten Monaten des Jahres angehören. Im Gegenteil wird die Lufttemperatur durch Bewölkung und Regen in dieser Jahreszeit bisweilen so stark erniedrigt, daß die letztere in gewissen Gegenden geradezu als Winter gilt. Übrigens sind manche Tropenregen nicht von dem höchsten Sonnenstande abhängig (z. B. die passatischen Steigungsregen, welche durch das Emporwehen des Passats an den Gebirgen entstehen); dementsprechend sind Anfang und Ende der Regenzeit vielfach nicht so streng an den Wechsel der Sonnenhöhe gebunden, wie dies oben ausgesprochen wurde. Man beobachtet also auch in den Tropen je nach der Lage der Orte eine große Mannigfaltigkeit in der Entwicklung der Regen.

4

B. Die allgemeinen Einflüsse des Tropenklimas auf den menschlichen Körper.

Nach diesen kurzen Bemerkungen über die Eigentümlichkeiten des Tropenklimas treten wir der Frage näher: Inwiefern wirkt dasselbe unangenehm auf das körperliche Befinden des Europäers ein?

Wir beklagen uns in unserer Heimat bald über zu strenge Winterkälte, bald über zu große Sommerglut; in den Tropenländern — das ist gewiß die Meinung der meisten Europäer — wird die letzte Hälfte der Klage mit besonderem Nachdruck erhoben werden, die erste Hälfte dagegen völlig verstummen. Diese Anschauung ist jedoch insofern eine irrige, als das Frieren durchaus nicht ein Vorrecht der Nordländer ist; denn unter afrikanischer Sonne friert man kaum weniger als in unseren Breiten. Zwar zeigt das Quecksilber der Thermometerröhre (im Meeresspiegel) dort selten eine Temperatur von unter + 10° C. an und sinkt nur an den äußersten Rändern der Tropenzone gelegentlich einmal unter den Gefrierpunkt; doch genügen solche Temperaturen schon, das Gefühl einer „furchtbaren Kälte" auf der Hautoberfläche hervorzurufen.

Dies gilt vor allem von den Negern, die bei ihrer dürftigen Kleidung vor Frost zittern, wenn das Thermometer nachts auf 20 bis 15° C. zurückgeht. In Gombé (Senegambien) heizen daher die Neger in den kälteren Monaten hohle Bänke aus Thon und breiten für das Nachtlager ihre Matten darüber[1]). Anderwärts unterhalten sie in den Nächten der kühlen Jahreszeit hochlodernde Feuer und drängen sich von allen Seiten um die wärmespendende Glut.

Aber auch der wohlbekleidete Europäer wird schon nach kurzer Anwesenheit in den Tropen sehr empfindsam für die kleinsten Temperaturwechsel; nur bei ausgesprochen trockener Luft ist diese Empfindsamkeit eine geringere. Während man bei uns nach einem drückend heißen Sommertage mit Wohlbehagen und ohne schlimme Folgen in der freien Natur die Abendkühle genießt, kann man sich in der Tropenzone bei hoher Luftfeuchtigkeit nicht während der Abendstunden ins Freie setzen, ohne von einem lebhaften Frostgefühl gepeinigt zu werden. Schon eine Abkühlung der Luft auf 25 bis 26° C. ist dem an 30° C. Gewöhnten sehr unangenehm[2]), und eine Temperatur von 15 bis 16° C. bewirkt ähnliche Frostschauer wie ein rauher Novemberwind in unseren nordischen Gebieten[3]). Ist man gar genötigt, eine so kalte Nacht im Freien zu verbringen, während ein heftiger Regen oder starker Tau herabfällt, so kann man vor Kälte kaum schlafen; dieselbe macht die Glieder erstarren, und beim Aufstehen zittern die vor Frost blauen Hände[4]).

Übrigens hat schon A. v. Humboldt ähnliche Erfahrungen in dem tropischen Amerika gemacht. Er berichtet, daß sich die Eingebornen in Guayaquil (Ecuador) bei seinem Aufenthalt im Jahre 1803 über Kälte beklagten und sich warm einhüllten, wenn das Thermometer auf 23,8° C. zeigte, während sie bei 30,5° C. die Hitze erstickend fanden. Es bedurfte nur eines Wechsels von 7 bis 8° C., um die entgegengesetzten Empfindungen

1) Julius Hann, Handbuch der Klimatologie. Stuttgart 1883. S. 380. — 2) C. C. von der Decken, Reisen in Ostafrika in den Jahren 1859—1861. Leipzig und Heidelberg 1869. Bd. 1 S. 20. — 3) Otto H. Schütt, Reisen im südwestlichen Becken des Kongo. Berlin 1881. S. 20. — 4) Vergleiche unter anderem: G. Tams, Die portugiesischen Besitzungen in Südwestafrika. Hamburg 1845. S. 193. H. Hecquard, Reise an die Küste und in das Innere von Westafrika. Leipzig 1854. S. 171. Georg Schweinfurth, Im Herzen von Afrika. Leipzig 1874. Bd. II S. 418 f. Oskar Lenz, Timbuktu. Leipzig 1884. Bd II S. 280.

von Frost und Hitze zu erzeugen, weil an diesen Küsten der Südsee die Lufttemperatur fast immer 28" C. beträgt. In Cumaná (Venezuela) hört man bei starken Regengüssen in den Straßen schreien: „Welche Eiskälte! Ich friere wie auf dem Rücken der Berge!" — obwohl das vom Regen benetzte Thermometer nur auf 21,5" C. fiel.

Offenbar sind es zweierlei Ursachen, welche den Körper für die kleinsten Wärmeschwankungen so außerordentlich empfindlich machen: der große Feuchtigkeitsgehalt der Luft und die hohe durchschnittliche Wärme, welch letztere namentlich die Gefahr nahe legt, eine zu dünne Kleidung zu wählen. Sicher ist es, daß Wärmerückgänge von 20" C. im Winter Sibiriens bei einer sehr niedrigen Mitteltemperatur weit weniger gefühlt werden als solche von 10" C. im feuchten Klima der Tropen; dementsprechend sind sie dort für den menschlichen Organismus nicht so schädlich wie hier.

Mag es auch scheinen, als ob diejenigen Tropengebiete, welche nur geringe tägliche Temperaturwechsel aufweisen, für die Gesundheit der Kolonisten am günstigsten sind, so sollte man doch im allgemeinen den Orten mit größeren Wärmeschwankungen den Vorzug geben, weil die letzteren auf ein verhältnismäßig trockenes Klima hindeuten, auf ein Klima also, in welchem der menschliche Körper weit weniger empfindsam für rasche Temperaturerniedrigungen ist. In der That erträgt man in den Wüsten und Steppen, wie überhaupt in den trockenen Räumen der Tropenzone, mit Leichtigkeit die größten Temperatursprünge, die in der feuchten Tropenluft äußerst schädlich wirken würden. Im Einklang hiermit steht auch die Thatsache, daß Erkältungen in Tropenländern gerade in der feuchten Jahreszeit am häufigsten sind, d. h. dann, wenn die täglichen Änderungen der Temperatur und der Feuchtigkeit kleiner sind als im ganzen übrigen Jahre.

Wenn auch der Frost den Tropenbewohnern bisweilen unangenehm ist, so belästigt er sie doch viel weniger als die Tropenhitze. Während in den Berichten der Afrikareisenden die Klagen über rauhes Wetter nur vereinzelt auftreten, hören wir einen Schmerzensschrei nach dem andern über die vernichtende tropische Glut.

Schlimmer als irgendwo anders auf dem Erdenrund ist dieselbe wohl an den Ufern des Roten Meeres, wo an der Samhar-Küste im Juli und August nicht selten 50" C. beobachtet werden und 37 bis 38" C. bei Tage wie in der Nacht ziemlich häufig vorkommen[1]. Weist auch die Sahara noch vereinzelte höhere Temperaturen auf (bis 56" C.), so erfolgt doch hier in der Nacht stets eine wohlthuende Abkühlung. Im übrigen sind die Wärmegrade eines großen Teils der Tropenzone derart, daß wir uns auf Grund der Erfahrungen, die wir in unserer Heimat machen, recht wohl eine Vorstellung von denselben verschaffen können. So beträgt z. B. die mittlere Jahreswärme von Kamerun 25" C.; nur selten steigt hier das Thermometer bis auf 35" C.[2]. Ähnliche Temperaturen finden sich auch in den meisten anderen Tropenländern. Das sind aber Hitzegrade, die wir im Juli oder August gelegentlich auch einmal in unseren Breiten zu erdulden haben.

Offenbar hat man die schädlichen Einflüsse der Tropenglut nicht auf die hohen Wärmegrade überhaupt zurückzuführen, sondern auf die Stetigkeit, mit der sie längere Zeit hindurch auf den menschlichen Körper einwirken. In unserem Klima bleiben auch in den heißesten Tagen die Keller kühl; die Brunnen spenden uns einen frischen, labenden Trank;

---

1) Werner Munzinger, Ostafrikanische Studien. Schaffhausen 1864. S. 134. — 2 Hermann Soyaux, Aus Westafrika. 1873—1876. Leipzig 1879. Teil 1 S. 103.

unsere Häuser gewähren uns selbst in den Mittagsstunden wenigstens in den nach Nord gelegenen Zimmern, einen Zufluchtsort, der noch nicht von dem Gluthauch der Sonne völlig durchdrungen ist. Und tritt dann trübes, regnerisches Wetter ein, so ist gar bald eine völlige Abkühlung in allen Räumen des Hauses wieder hergestellt. Wie steht es aber unter den Tropen? Das Meer, der Erdboden, die Brunnen, alle Gemächer des Hauses haben die mittlere Jahrestemperatur des betreffenden Ortes, also eine Temperatur von 20, meist aber sogar von 25 bis 30° C. Eine wesentliche Änderung dieser Verhältnisse erfolgt zu keiner Jahreszeit, da kräftige Temperaturrückschläge niemals von längerer Dauer sind. Hier fehlt demnach jede durchgreifende Erfrischung, und dies ist es, was den Europäer so außerordentlich schwächt und entnervt.

Zu der hohen, gleichmäßigen Temperatur unter den Tropen gesellt sich noch ein Faktor, der in gleichem Sinne wie die Hitze lähmend auf das körperliche und geistige Befinden des Europäers wirkt: die große Luftfeuchtigkeit. Dieselbe ist an den meisten Küsten der Tropenländer absolut wie relativ sehr hoch. Im Mittel erreicht sie hier 3, in einzelnen Fällen sogar 4 Volumprozent (30 Millimeter Dampfdruck). Im Binnenlande weist zwar die Luft, so lange der Passat weht, einen geringen relativen Wasserdampfgehalt auf; doch tritt auch hier während der Regenzeit jene hohe Dampfsättigung ein, welche an der Küste vielfach das ganze Jahr hindurch herrscht.

Die relative Luftfeuchtigkeit ist für verschiedene Funktionen des menschlichen Körpers von Wichtigkeit, namentlich für die Größe der Hautausdünstung. Während sich bei trockener Luft eine kräftige Ausdünstung an der Hautoberfläche vollzieht, bei welcher der Körper kühl bleibt und seine Arbeitsfähigkeit selbst unter dem Einfluß bedeutender Hitze bewahrt, liegt die feuchte, schwüle Luft, indem sie die Hautausdünstung verhindert, mit bleierner Schwere auf dem menschlichen Körper und läßt keine Freudigkeit zu rüstigem Schaffen in ihm aufkommen.

Eine Vorstellung von der entsetzlichen Schwüle, welche unter den Tropen vielfach an heißen, windstillen Tagen bei völlig gesättigter Luft herrscht, gewinnen wir etwa dann, wenn wir das Gefühl des Unbehagens, das kurz vor dem Ausbruch eines heftigen Juligewitters schwer auf uns lastet, uns vergegenwärtigen. Es ist eine Art Dampfbad, in welchem dann der Mensch lebt. Ein Tag in jener Zeit verläuft etwa in folgender Weise: Trotz eines mächtigen Gewitters, das vielleicht in der Nacht sich entlud, beträgt die Temperatur schon früh bei Sonnenaufgang 25 bis 27° C., und obwohl bis morgens um 9 Uhr das Thermometer nur wenig gestiegen ist, findet man doch schon um diese Zeit einen Geschäftsgang als etwas sehr Belästigendes. Mittags um 1 Uhr zeigt das Thermometer auf 30° C. Trotz dieser doch immerhin nicht allzuschlimmen Temperatur erfüllt eine erstickende Glut die Wohnungen, selbst wenn alle Fenster geöffnet sind, und auch auf dem flachen Dach des Hauses sucht man, da die Luft ganz ruhig ist, vergebens nach einer Erfrischung. Soweit es möglich ist, meidet man jede Bewegung; denn nach einer solchen erscheint der Körper förmlich in Schweiß gebadet wie nach einer großen Muskelarbeit. Dazu liegt in den Gliedern ein Gefühl der Schwäche und des Unbehagens, welches jeden Gedanken an eine körperliche oder geistige Thätigkeit entschieden zurückweist. Selbst die geringe Willensstärke, welche die Lektüre eines interessanten Buches erfordert, ist bei der völligen Eingenommenheit des Kopfes bisweilen entschwunden. Mit der Kraft und Energie aber verliert sich zugleich auch der Appetit, sowie ein erquickender Schlaf. Letzterer wird durch schwere Träume wesentlich

beeinträchtigt. Es kann demnach nicht ausbleiben, daß bei längerer Einwirkung diese
Treibhausluft die Gesundheit des Europäers ernstlich gefährdet. Mit Freuden wird daher
das erlösende Gewitter begrüßt, welches am Nachmittag eine gewisse Abkühlung herbeiführt
und wenigstens einen leidlichen Nachtschlaf ermöglicht.

Selbstverständlich ist die feuchtwarme Tropenluft an einem Tage weniger lästig
als an dem andern; auch erweist sie sich an dem einen Orte erträglicher als anderwärts.
Doch ist sie allüberall, wenn auch in wechselndem Grade, eine tückische Feindin des
Europäers. Sie wird dies ganz besonders dadurch, daß sie die Bildung zahlloser kleiner
Organismen begünstigt und, von diesen belebt, wie ein Gifthauch auf den Menschen wirkt.

An der Existenz jener winzigen vegetabilischen Keime, die wir gewöhnlich Miasmen
nennen, dürften wohl nur wenige zweifeln, obwohl man sie bisher noch nicht mikroskopisch
aufzufinden vermocht hat. Der Vegetation schaden sie nichts; im Gegenteil sind sie da, wo
die Pflanzenwelt ihre höchste Pracht und Fülle erreicht, in schlimmer Menge zu finden.
Durch faulende organische Reste und stehende Wasser, namentlich Brackwasser, wird die
Vermehrung der Miasmen außerordentlich befördert. Darum sind die Ufer von Flußmün-
dungen, sobald sie von weiten Sümpfen umgeben sind, sehr ungesunde Wohnstätten. Ganz
besonders wird die Luft nach der Regenzeit verpestet, wenn die zahlreichen stehenden Wasser
in abflußlosen Vertiefungen verdunsten und die in ihnen zusammengeschwemmten Laub- und
Grasmassen, von der Tropensonne beschienen, in der feuchtwarmen Luft in Fäulnis über-
gehen. Die Zeiten, in denen heftige Regengüsse häufig mit großer Hitze abwechseln, sind
gleichfalls wegen der reichen Miasmenbildung mit Recht sehr gefürchtet. Gelangen jene
kleinen Organismen in den menschlichen Körper, so vermehren sie sich unter Umständen
so rasch, daß der Tod binnen kurzer Zeit eintreten kann. Unter den zahlreichen afrikanischen
Krankheiten dürfte neben anderen besonders die gefährlichste, das Fieber, auf die Ein-
atmung dieser winzigen Keime zurückzuführen sein.

Da in der trockenen Jahreszeit der Körper weniger empfindsam ist gegen plötzliche
Temperaturrückschläge und zugleich die Entwicklung der Miasmen nachläßt oder wohl gar
aufhört, so ist die Zeit der Trockenheit stets die gesündeste. Sobald dieselbe beginnt,
fühlt sich der Mensch wie neu belebt, zumal mit den Miasmen auch mancherlei andere
kleine Peiniger des Menschen mehr und mehr verschwinden, namentlich die Moskitos, Fliegen
und Flöhe, die in manchen Gegenden während der nassen Jahreszeit zu einer entsetzlichen
Qual werden. So steigt und sinkt also in allen Tropenländern der Gesundheitszustand der
Bevölkerung, je nachdem die Luftfeuchtigkeit ab- und zunimmt[1]). Fortdauernd günstig aber
ist derselbe in der allezeit trockenen Wüste[2]).

Wenn wir nach einem Grunde forschen, warum sich die innerafrikanischen Hoch-
länder besserer Gesundheitsverhältnisse erfreuen als die Küstenländer, so dürfen wir kaum
die Temperaturunterschiede zur Erklärung herbeiziehen. Diese sind viel zu gering, als daß
wir ihnen einen so hohen Wert in gesundheitlicher Hinsicht beilegen könnten. Vielmehr

1) Vergl. z. B. Mungo Parks Reise in das Innere von Afrika in den Jahren 1795, 1796 und 1797.
Hamburg 1799. S. 301. Rob. Hartmann, Reise des Freiherrn Adalbert von Barnim durch Nordost-
Afrika in den Jahren 1859 und 1860. Berlin 1863. S. 349 f. Werner Munzinger, Ostafrikanische
Studien. Schaffhausen 1864. S. 136. Oskar Lenz, Timbuktu. Leipzig 1884. Bd. II S. 324. G. A.
Fischer, Mehr Licht im dunklen Weltteil. Hamburg 1885. S. 40. — 2 Bayard Taylor, Eine Reise nach
Centralafrika. Leipzig 1855. S. 250 Gerhard Rohlfs, Quer durch Afrika. Leipzig 1874 Teil I S. 117 f.

ist die Trockenheit der Hochebenen, die meist aus der größeren Entfernung vom Meere und dem Gebirgsschutz gegen Seewinde zu erklären ist, in erster Linie maßgebend für den günstigen Gesundheitszustand daselbst. Örtlich feuchte Gebiete, wie z. B. manche Flußthäler und sumpfige Niederungen, sind trotz ihrer Lage auf dem Hochlande Krankheitsherde schlimmster Art. Dies gilt unter anderem von einem großen Teile des Kongothales, besonders von der Umgebung des Stanley-Pool, des Bangweolo und Lualaba[1]), sowie von den abessinischen Flußthälern[2]) und dem Thale des Zambesi[3]). Ja selbst in der Wüste, in welcher im allgemeinen die miasmatischen Organismen absterben, dürfen feuchte Thalebenen, in denen sich stagnierende, zur Versumpfung geneigte Wasser finden, als Fieberherde betrachtet werden[4]).

Beeinflußt die Luftfeuchtigkeit in so hervorragender Weise den Gesundheitszustand der Tropengegenden, so können auch die Winde für denselben nicht gleichgültig sein; denn Luftfeuchtigkeit und Wind stehen in engster Beziehung zueinander. Herrscht irgendwo Windstille, so ist die Luft gar bald mit Wasserdampf gesättigt; treibt hingegen ein kräftiger Luftstrom über das Land, so wird der örtlich vorhandene Wasserdampf mit fortgeführt und zerstreut und so eine völlige Dampfsättigung verhindert. Natürlich ist der Feuchtigkeitscharakter der Winde je nach Zeit und Richtung außerordentlich wechselnd; doch darf im allgemeinen der Satz ausgesprochen werden, daß jede starke und andauernde Luftbewegung, weil sie zur Verminderung des Dampfgehalts, wie überhaupt zur Reinigung der Luft wesentlich beiträgt, den Gesundheitszustand des betreffenden Tropengebietes entschieden verbessert. Dazu wirkt der Wind auch lebhaft auf das Wärmegefühl des Menschen ein. Indem er den Verdunstungsprozeß an der Hautoberfläche beschleunigt, verhilft er dem Körper zu einer rascheren Abkühlung, und so erscheinen uns hohe Temperaturen, die uns bei Windstille sehr lästig sein würden, durchaus nicht unangenehm. Es wird demnach der menschliche Körper durch den Wind erfrischt und angeregt, während die tote Luft Abspannung und Lethargie hervorruft. So kommen der trockenen Jahreszeit, in welcher der Passat mit voller Stärke weht, auch die Windverhältnisse zu gute, während die Regenzeit mit ihren Windstillen und leichten wechselnden Winden nichts von ihrem verderblichen Charakter einbüßt.

Da die Entwicklung des Windes vielfach durch die Richtung und Höhe der Gebirge bedingt ist, so sind diese nicht ganz ohne Bedeutung für den Gesundheitszustand vieler Gebiete. Bergländer mit einem reich gegliederten Relief verhindern die freie Entfaltung des Windes; namentlich erfährt er in den unteren Teilen der Gebirge durch die Unebenheiten des Landes eine wesentliche Schwächung, während er auf der Höhe bei verminderter Hemmung weit kräftiger und gleichmäßiger weht. Daher sind Gebirgskessel, deren Felsumrahmung nach allen Richtungen hin dem Winde den Zutritt verwehrt, in der Tropenzone stets ungesunde Orte, selbst wenn gar kein stehendes Wasser dort die Luft verpestet. In Ermangelung einer guten Ventilation, die auch in den Tropen — und dort vielleicht mehr als anderwärts — eine der ersten Forderungen der Gesundheitspflege ist, sammelt sich hier

1) Henry M. Stanley, The Congo and the founding of its free state. London 1885. Vol. II p. 302 sq. G. A. Fischer, a. a. O. S. 26 f. — 2) Rob. Hartmann, Naturgeschichtlich-medizinische Skizze der Nilländer. Berlin 1865. S. 158. — 3) Eduard Mohr, Nach den Viktoriafällen des Zambesi. Leipzig 1875. Bd II S. 42. — 4) Für die Sahara vergl. Gustav Nachtigal, Sahara und Sudan. Bd. I. Berlin 1879. S. 141 f. 433. Gerhard Rohlfs, Quer durch Afrika. Leipzig 1874. Teil I S. 159 und Heinrich Barth, Reisen und Entdeckungen in Nord- und Centralafrika in den Jahren 1849—1855. Bd. I. Gotha 1857. S. 175 f., für die Kalahari (G. Büllner im Ausland 1883 S. 886.

eine schwere, mit Pflanzenduft und Modergeruch erfüllte Atmosphäre an, und in dieser speichern sich Krankheitsstoffe aller Art auf. Eine solche schlimme Lage hat z. B. die Stadt Dondo (unter 9° 22' s. Br. und 14° 34' ö. L. v. Gr. und in 70 m Meereshöhe) in Angola. Sie befindet sich in dem feuchten, sumpfigen Thale des Kuanza, welches nach allen Seiten hin so eng von Bergen umgürtet wird, daß kaum je ein erfrischender Windhauch in dasselbe eindringen kann. Die Brise, welche den Bewohnern der anderen Faktoreien am Kuanza allabendlich eine Erquickung gewährt, gelangt nicht bis zu diesem abgeschlossenen Ort. Derselbe hat daher ein sehr heißes und ungesundes Klima, wohl das schlimmste in ganz Südafrika, und wird recht bezeichnend der Backofen, der Pesthof, die Hölle Angolas genannt[1]). Im Gegensatz hierzu haben Orte auf freier Ebene. zu denen die Winde von allen Richtungen her Zugang haben, stets ein gesünderes Klima als die tiefer gelegenen Stromufer. Noch kräftiger und regelmäßiger als auf Ebenen blasen die Winde auf offener See, wo sich ihnen kein Hindernis entgegenstellt, und sie sind natürlich auch an den Festlandsufern weit stärker als im Binnenlande[2]). An der Küste ist besonders der tägliche Wechsel von See- und Landwind für die Gesundheitsverhältnisse von hoher Wichtigkeit. Da die am Tage wehenden Seewinde gewöhnlich eine größere Kraft entwickeln als die nächtlichen Landwinde[3]) und außerdem kühl und von organischen Beimengungen völlig frei sind, so beeinflussen sie das Klima in außerordentlich günstiger Weise: sie verscheuchen die drückende Schwüle des Morgens, erquicken und beleben den Menschen und schenken ihm neue Arbeitsfreudigkeit. Weniger Vorteile bietet der Landwind, der schon durch den ihn begleitenden Pflanzengeruch und Blütenduft verrät, daß ihm die Reinheit abgeht. Der Landwind kann sogar erschlaffend und fiebererzeugend wirken, wenn er längere Zeit hindurch anhält und aus dem Gebiet sumpfiger Hinterwässer kommt, die im Bereich des Flutwechsels liegen und mit üppigem Pflanzenwuchs umgürtet sind. So beharrte an der Elfenbeinküste einmal fünf Tage lang der Landwind, und die Folge davon war, daß sich zahlreiche Fiebererkrankungen ereigneten[4]). Ähnliche Wahrnehmungen hat Peschuel-Loesche an der Loangoküste gemacht[5]). Doch ist die Zufuhr von Krankheitsstoffen durch den Wind im allgemeinen nicht allzu sehr zu fürchten. So ist das Innere von Sansibar ein sehr ungesundes Gebiet; dennoch bleibt der Gesundheitszustand in der Stadt Sansibar unverändert derselbe, selbst wenn der Wind längere Zeit aus dem Innern nach der Stadt weht[6]).

Da in der Nähe von Landzungen und Vorgebirgen gewöhnlich der Seewind vorherrscht, während im Hintergrunde tief eindringender Golfe meist der Landwind die Oberhand hat, so verdienen erstere in gesundheitlicher Hinsicht den Vorzug vor den letzteren. Auch sollten Kolonisten stets darauf bedacht sein, dem Seewind (etwa durch Beseitigung von Wäldern) freien Zugang zu eröffnen, dem Landwind aber möglichst den Zutritt zu wehren. Sie würden hierdurch der Verbreitung mannigfacher Infektionskrankheiten wirksam begegnen.

1) Hermann Soyaux, Aus Westafrika. 1873—1876. Leipzig 1879. Teil II S. 12 f. Otto H. Schütt, Reisen im südwestlichen Becken des Kongo. Berlin 1881. S. 5. A. E Lux, Von Loanda nach Kimbundu. Wien 1880. S. 35. — 2) So ist z. B. die durchschnittliche Windstärke an der norwegischen Küste dreimal so groß als auf dem dahinter liegenden Dovrefjeld. II. Mohn. Grundzüge der Meteorologie. 2. Aufl. Berlin 1879. S. 140 f. — 3) Peschel-Leipoldt, Physische Erdkunde. 2. Aufl. Bd. II. Leipzig 1885. S. 223. — 4) Zeitschrift der österreichischen Gesellschaft für Meteorologie. Bd. XVI (1881 S. 390 — 5) Vergl. Julius Hann, Handbuch der Klimatologie. Stuttgart 1883. S. 391 f. — 6) G. A. Fischer, Mehr Licht im dunklen Weltteil. Hamburg 1885. S. 42 f.

II. Die Krankheiten des Europäers in der Tropenzone.

Wenn wir uns nun der Aufgabe zuwenden, die Krankheiten des Europäers im Tropengebiete kurz darzustellen, so möchten wir zunächst einen Unterschied machen zwischen solchen Krankheiten, die dort nur ganz vereinzelt vorkommen, und solchen, die weit verbreitet sind und daher Gesundheit und Leben des Europäers stets bedrohen.

Zu den selteneren Krankheitserscheinungen gehört, so wundersam dies auch klingen mag, der Sonnenstich oder Hitzschlag. Derselbe besteht in den mehr oder weniger starken Gehirnkongestionen, welche durch kräftige Einwirkung der Sonnenstrahlen hervorgerufen werden und bisweilen zur Gehirnentzündung, ja zu augenblicklichem Tod infolge Blutüberfüllung führen können. In älteren Werken wird vielfach ernst gewarnt vor den Strahlen der Tropensonne, denen man sich, auch bei niedrigerem Sonnenstande, nicht ohne Lebensgefahr mit unbedecktem Haupte aussetzen könne. Es soll nun auch nicht geleugnet werden, daß Leichtsinnige in einzelnen Fällen ihre Unvorsichtigkeit mit dem Leben büßen mußten. Allein nach den neueren Erfahrungen zweier tüchtiger Ärzte, die sich jahrelang in den afrikanischen Tropenländern aufgehalten haben, ist der Sonnenstich dort höchst selten. So berichtet J. Falkenstein[1]), daß die Mitglieder der Loango-Expedition sich nur nach anstrengenden Märschen oder Jagdpartien über leichte Kongestionen zu beklagen hatten, die jedoch nach längerer Ruhe oder kalten Übergießungen des Hinterkopfes schnell schwanden. Sehr häufig gehen die Europäer an der Loangoküste mit unbedecktem Haupte über die Höfe ihrer Faktoreien, ohne daß ihnen ein Nachteil für ihre Gesundheit daraus erwächst. In gleichem Sinne äußert sich G. A. Fischer[2]) auf Grund seiner Wahrnehmungen im tropischen Ostafrika. Ihm ist während seiner langjährigen Anwesenheit daselbst auch nicht ein einziger Fall von Sonnenstich bekannt geworden. Er schließt daraus sogar, daß derselbe in Afrika weniger häufig vorkomme als bei uns in den großen Städten oder bei den Märschen des Militärs während der heißen Zeit.

Vielleicht möchte jemand geneigt sein, der größeren Vorsicht der dortigen Europäer diese günstigen Resultate zuzuschreiben. Indes ist diese Vorsicht sehr oft keine allzu ängstliche. Die deutschen Matrosen in Sansibar arbeiten zuweilen den ganzen Tag auf Deck des Schiffes ohne jede Kopfbekleidung oder sind, nur durch ein durchlöchertes Strohhütchen geschützt, stundenlang am Strande thätig; die Kaufleute stehen vielfach in der brennendsten Sonnenglut am Seeufer, und doch sind keinerlei schlimme Wirkungen hiervon zu bemerken.

Zahlreiche Erkrankungen, über die uns Tropenreisende berichten, werden gewiß mit Unrecht der Sonnenhitze zugeschrieben. Da jagt z. B. jemand im hohen, feuchten Waldesdickicht oder sitzt in dem von der Sonne stark beschienenen Zelte. Er erkrankt hierauf am Fieber; liegt es nun nicht nahe, den Sonnenschein, dem zeitlich die Erkrankung folgte, auch als Ursache derselben zu betrachten? Und doch trägt die Sonne vielleicht weit mehr dazu bei, die fiebererzeugenden Stoffe zu zerstören als ihre Entwicklung zu fördern; vielmehr dürfte in solchem Falle die modrige Luft des feuchten, dunklen Waldgrundes oder des Zeltraumes die Veranlassung zum Ausbruch des Fiebers gewesen sein.

1) Die Loango-Expedition. Leipzig 1879. Abt. II S. 170. — 2) Mehr Licht im dunklen Weltteil. Hamburg 1885. S. 36.

Selbstverständlich hat man in der ersten Zeit seines Aufenthalts in der Tropenzone vorsichtig zu sein; aber indem man sich unter allmählicher Lossagung von dem Sonnenschirm mehr und mehr den Sonnenstrahlen aussetzt, wird man nach einiger Zeit bis zu einem gewissen Grade „sonnenhart" werden. Der Europäer vermag sich schließlich, etwa durch einen englischen Korkhelm geschützt (vergl. S. 33), ohne Schaden für seine Gesundheit während des ganzen Tages im Sonnenschein zu bewegen[1]).

Ferner erweisen sich zahlreiche Infektionskrankheiten, die sich bei uns oft mit erschreckender Schnelligkeit verbreiten, in der Tropenzone als sehr unschuldig. Nur die Pocken machen hiervon eine Ausnahme. Da unter den Negerstämmen noch keine Schutzblatterimpfung üblich ist, so wüten die Pocken vielfach arg unter denselben. Zahlreiche Berichte aus dem Sudan[2]), aus Abessinien[3]), dem Sansibargebiet[4]), von der Loangoküste[5]), Oberguinea[6]) und anderen Gebieten zeigen uns, daß die Blattern dort vielfach 10 bis 20, ja sogar 25 Prozent der Bevölkerung hinweggerafft haben. Bei fast allen diesen Epidemien sind die geimpften Europäer von den Blattern verschont geblieben: eine lehrreiche Thatsache für die Gegner des Impfzwanges! Wie bedeutungsvoll die Impfung auch in Afrika ist, hat besonders J. Falkenstein an der Loangoküste erkannt[7]). Nachdem sechs der Neger, die er zu Trägerdiensten angeworben hatte, an den Pocken erkrankt waren, impfte er sofort die ganze Mannschaft und die Bediensteten des Hauses (lauter Neger); die Impfung hatte durchgehends Erfolg, und er erzielte das glänzende Resultat, daß von der Stunde an kein neuer Erkrankungsfall sich ereignete. Es ist darnach zu hoffen, daß man das heilsame Gift der Lymphe in Zukunft unter Weißen und Schwarzen auch auf afrikanischer Erde ohne Bedenken benützen wird. Hugo Zöller[8]) berichtet, daß die schwarzen Pocken nicht direkt von Negern auf Weiße oder umgekehrt übertragen werden können, wohl aber durch die Vermittlung von Mulatten; doch bedarf diese Erfahrung noch der weiteren Bestätigung.

Andere Krankheiten, welche in Europa epidemisch herrschen und mit Recht sehr gefürchtet sind, wie Scharlach, Masern und Diphtheritis, treten in den Tropengebieten weder unter den Weißen, noch unter der Negerbevölkerung verheerend auf. Das Scharlachfieber nimmt, wie es scheint, nur in den Nilländern gelegentlich einmal einen epidemischen Charakter an[9]); sehr selten sind Masern und Diphtheritis in den Tropengebieten[10]).

Häufiger suchen die Cholera und das Gelbe Fieber die Küstengebiete Afrikas heim. Die erstere, deren Vaterland das südöstliche Asien ist, verbreitet sich in der Regel

1) G. A. Fischer, a. a. O. S. 36 f. — 2) Ernst Marno, Reisen im Gebiete des Blauen und Weißen Nil. Wien 1874. S. 404. Hermann Wagner, Eduard Vogel, der Afrikareisende. Leipzig 1860. S. 238. M. Th. v. Heuglin, Reise in das Gebiet des Weißen Nil. Leipzig und Heidelberg 1869. S. 7. 136. 203. Josef Menges in der Deutschen Kolonialzeitung. Jahrgang III (1886) S. 565. — 3) Richard Andree, Abessinien, das Alpenland unter den Tropen. Leipzig 1869. S. 105. — 4) C. C. von der Decken, Reisen in Ostafrika in den Jahren 1859—1861. Leipzig und Heidelberg 1869. Bd. I S. 332. — 5) P. Güßfeld: Die Loango-Expedition. Leipzig 1879. Abt. I S. 215. — 6) Hugo Zöller, Das Togoland und die Sklavenküste. Berlin und Stuttgart 1885. S. 210. — 7) Die Loango-Expedition. Leipzig 1879. Abt. II S. 86. — 8) Das Togoland und die Sklavenküste. Berlin und Stuttgart 1885. S. 212. Die deutsche Kolonie Kamerun. Berlin und Stuttgart 1885. Teil II S. 159. — 9) Robert Hartmann, Naturgeschichtlich-medizinische Skizze der Nilländer. Berlin 1865. S. 391. — 10 Die letztgenannte Krankheit kommt nach Zöller (Die deutsche Kolonie Kamerun. Teil I S. 185 und Teil II S. 159) bisweilen in Kamerun und Senegambien vor; doch beschränkt sie sich hier auf die Schwarzen und kann nur durch Mulatten auf Weiße übertragen werden (?). Nachtigal (Sahara und Sudan. Bd. II. Berlin 1881. S. 464 nimmt an, daß die Diphtheritis dem Sudan nicht fremd sei.

von den Gestaden des Roten Meeres an der Ostküste Afrikas nach Süden bis Mozambique[1]) und macht wohl auch dann und wann einen Vorstoß gegen den östlichen und mittleren Sudan[2]). Doch dürfte sie (von einigen vereinzelten Fällen abgesehen) noch niemals bis zu den westafrikanischen Küsten vorgedrungen sein. Der Schmutz und Unrat in den Häusern und auf den Straßen, sowie die Verunreinigung von Brunnen in den ostafrikanischen Städten bei gänzlichem Mangel an Desinfektionen sind der Verbreitung der Cholera überaus günstig; sie fordert daher Tausende von Opfern. Wie Ostafrika von Asien her die Cholera empfangen hat, so erhielt Westafrika von Amerika her das Gelbe Fieber. Zum Glück tritt dasselbe meist bloß vereinzelt auf, und es läßt sich vielfach mit Leichtigkeit das amerikanische Schiff nachweisen, durch welches das Gelbe Fieber eingeschleppt worden ist. An manchen Küstenstrichen hat man es noch gar nicht beobachtet, z. B. an der Sklavenküste (Lagos)[3]), in Kamerun[4]) und an der Loangoküste[5]). Nur in Senegambien hat es Bürgerrecht erlangt; hier veranlaßt es fast in jedem Jahre Todesfälle und wird bisweilen zu einer weit um sich greifenden Seuche. Zweifellos ist es aus Westindien eingedrungen, und die Erfahrung lehrt, daß diejenigen Beamten und Offiziere demselben besser Widerstand leisten, welche aus Westindien stammen[6]). Sehr fraglich erscheint es uns, daß das Gelbe Fieber im Innern Afrikas, z. B. in Bornu am Tsad-See vorkommt[7]); hier liegt gewiß, wie auch in manchen Berichten aus anderen Teilen Afrikas, eine Verwechslung des Gelben Fiebers mit einer schweren Form des afrikanischen Fiebers vor.

Der Typhus ist im tropischen Afrika fast unbekannt. Hingegen sind rheumatische Leiden in allen Tropenländern ziemlich häufig, besonders in feuchten Gegenden (also vor allem an den Küsten) und während der Regenzeit. Da der menschliche Körper bei großer Luftfeuchtigkeit sehr empfindsam für Temperaturrückschläge ist (vergl. S. 5), so sind Erkältungen und rheumatische Beschwerden in der Regenperiode an der Tagesordnung. Besonders gefährdet ist in dieser Hinsicht die Reisende, welcher öfter von Platzregen und Gewittergüssen überrascht und dabei bis auf die Haut durchnäßt wird, sowie derjenige, welcher bei starkem Schweiße den ungeschützten Körper dem kalten Zugwinde aussetzt. Namentlich hat ein Nachtschlaf auf bloßer, durchfeuchteter Erde, der unter allen Umständen vermieden werden sollte, leicht rheumatische Affektionen zur Folge.

Hand in Hand mit den letzteren gehen bisweilen Entzündungen der Brustorgane. Mögen sie auch in manchen Tropengebieten unter den Negern sehr schlimm auftreten, wie in Senegambien[8]), in Angola[9]), unter den Kru-Leuten[10]) (Guineaküste), so bedrohen doch diese Krankheiten die dort ansässigen Europäer weit weniger und heilen bei

---

1) C. C. von der Decken, Reisen in Ostafrika in den Jahren 1859—1861. Leipzig und Heidelberg 1869. Bd. I S. 332. — 2) Ernst Marno, Reisen im Gebiete der Blauen und Weißen Nil. Wien 1874. S. 440. M. Th. v. Heuglin, Reise in das Gebiet des Weißen Nil. Leipzig und Heidelberg 1869. S. 7. Hartmann, a. a. O. S. 380. — 3) Gerhard Rohlfs, Beiträge zur Entdeckung und Erforschung Afrikas. Leipzig 1876. S. 52. — 4) Hugo Zöller, Die deutsche Kolonie Kamerun. Berlin und Stuttgart 1885. Teil I S. 90. Teil II S. 159. — 5) J. Falkenstein: Die Loango-Expedition. Leipzig 1879. Abt. II S. 171. J. Falkenstein, Afrikas Westküste. Leipzig und Prag 1885. S. 65. — 6) Oskar Lenz, Timbuktu. Leipzig 1884. Bd. II S. 325 f. — 7) Vogel und Overweg sollen seiner Zeit am Gelben Fieber erkrankt, letzterer soll sogar daran gestorben sein: Herm. Wagner, Eduard Vogel, der Afrikareisende. Leipzig 1860. S. 215. — 8) C. Doelter, Über die Kapverden nach dem Rio Grande und Futah-Djallon. Leipzig 1884. S. 240. — 9) Paul Pogge, Im Reiche des Muata Jamwo. Berlin 1880. S. 18. — 10) Hugo Zöller, Die deutsche Kolonie Kamerun. Berlin und Stuttgart 1885. Teil II S. 159.

jungen, kräftigen Männern außerordentlich leicht. So machte Pogge[1]) in Pungo Andongo (Angola) die Bekanntschaft eines portugiesischen Kaufmanns, welcher todkrank an der Lungenentzündung darniederlag und nach drei Tagen bereits mit der Cigarre im Munde spazieren ging. Zwar werden ältere Ansiedler, bei denen diese Krankheiten vielfach eine rasche Kräfteabnahme herbeiführen, auch in anfänglich leichteren Fällen bisweilen rasch eine Beute des Todes; immerhin ist die Gefahr, an einem Brustleiden bedenklich zu erkranken, viel geringer als in höheren Breiten. — Die Schwindsucht scheint, sofern sie nicht schon aus Europa mit hierher gebracht worden ist, bei den im tropischen Afrika lebenden Weißen fast niemals vorzukommen, und Husten ist ein nur selten zu hörendes Symptom.

Ein Übel, von welchem besonders die Reisenden geplagt werden, ist der Skorbut. Wie im kalten Norden, so ist er auch in der Tropenzone meist eine Folge von allerhand Not und Elend, von Überanstrengung und schlechter Verpflegung auf der Reise. Der Verlauf dieser Krankheit ist gewöhnlich ein sehr langwieriger. Man fühlt sich überaus matt; das Zahnfleisch schwillt und wird dermaßen wund, daß man nur unter den empfindlichsten Schmerzen feste Speisen zu genießen vermag. Die Zähne werden locker; die Lippen springen auf; widerwärtige Geschwüre bilden sich an Beinen und Füßen, und ernste Verdauungsbeschwerden, wie blutige Diarrhöen und Blutbrechen, stellen sich ein. Öfter hat die Krankheit einen tödlichen Ausgang. Zahlreiche Afrikareisende, wie Clapperton, Barth, Overweg, Richardson, Vogel, Schweinfurth und Pogge, sind davon befallen worden. Natürlich setzt die Heilung vor allem die Beseitigung der Übelstände voraus, durch welche die Krankheit hervorgerufen wurde. Einige Tropfen Limonensaft[2]) oder Kampfersspiritus[3]), welche man mit Wasser vermischt, um damit zu gurgeln, leisten nach den vorliegenden Erfahrungen bei Bekämpfung der Krankheit gute Dienste. Gegen die Fußgeschwüre wandte Barth mit vorzüglichem Erfolg die Schia-Butter an[4]).

Alle die bisher genannten Krankheiten bedrohen den Europäer, der ein geregeltes Leben führt, in der Tropenzone nur in geringem Grade; zu einem großen Teile nehmen dieselben in unserer Heimat einen weit schlimmeren Charakter an (besonders gilt dies von den epidemisch auftretenden Kinderkrankheiten) und lassen uns demnach die tropischen Gesundheitsverhältnisse in einem günstigen Lichte erscheinen. Es giebt jedoch noch eine Reihe von Krankheiten, welche dort eine stete Gefahr für den Europäer bilden und ihn bei längerem Verweilen in Afrika sicher wiederholt heimsuchen. Dieselben lassen sich in drei Gruppen zerlegen. Die erste umfaßt die sogenannten afrikanischen Fieber, die zweite die Hautkrankheiten und die dritte die Unterleibsleiden.

Am gefürchtetsten sind die Krankheiten der ersten Gruppe, die Fieber. Sie sind das Schreckensgespenst, das dem Europäer dort stets vorschwebt, die Geißel, deren Schlägen er niemals entgeht. In der That ist noch kein Europäer, der längere Zeit in der Tropenzone gewohnt hat, von diesen Krankheiten verschont geblieben, welchem Lebensalter, Geschlecht oder Beruf er auch angehören mochte. Wie zwei Wanderer, welche unterwegs miteinander Bekanntschaft machen, sich bei uns gar bald teilnahmvoll nach dem bisherigen Reisewetter erkundigen, so lautet eine der ersten freundschaftlichen Fragen zweier Europäer, die sich

---

1) a. a. O. S. 19. — 2) Robert Hartmann, Reise des Freiherrn Adalbert v. Barnim durch Nordost-Afrika in den Jahren 1859 und 1860. Berlin 1863. S. 38 des Anhangs. — 3 Paul Pogge, a. a. O. S. 63. — 4) Heinrich Barth, Reisen und Entdeckungen in Nord- und Centralafrika in den Jahren 1849 1855. Bd. IV. Gotha 1858. S. 17 Nota.

in Afrika begegnen: „Haben Sie schon das Fieber gehabt?" Obgleich sich die Neger selbst unter schwerer Arbeit viel wehrhafter gegen das Klima erweisen als die Europäer, so sind doch auch sie, natürlich in weit geringerem Grade, dem Fieber unterworfen; die von Amerika nach Liberia zurückverpflanzten Neger leiden sogar ziemlich stark unter den Widerwärtigkeiten des Klimas, wenn auch nicht in gleichem Maße wie die Weißen[1]).

Es mag hierbei in Kürze einer Thatsache gedacht werden, die zwar eigentlich nicht in den Rahmen dieser Arbeit paßt, aber recht geeignet ist, die entsetzliche Allgemeinheit der Tropenleiden in das rechte Licht zu stellen. Es erliegen nämlich auch die meisten Haustiere dem verderblichen Einflusse des Klimas. So sterben in Bornu, besonders in den feuchten Jahren, zahlreiche Pferde, und auch der Bestand an Kamelen muß hier durch Zuzug von Norden her immer wieder ergänzt werden[2]). Noch weniger hält das Kamel in den Ländern südlich vom Äquator aus[3]). Ebenso können Pferd, Maultier, Esel und Rind weder im ägyptischen Sudan[4]), noch in Sansibar[5]) und an der Guineaküste[6]) für die Dauer der feindseligen Natur trotzen. Jeder Akklimatisationsversuch ist bisher gescheitert. In Benguela vertragen die Pferde das Klima nie länger als zwei Jahre[7]). Im Transvaallande, also am äußersten Rande der Tropenzone, treten die Fieber zu derselben Zeit auf wie die Pferdekrankheiten, so daß man das frühzeitige Erscheinen der letzteren stets als Vorboten einer Fieberepidemie betrachtet[8]); gewiß sind beide Thatsachen auf dieselben klimatischen Ursachen zurückzuführen. Endlich verliert auch unser Jagdhund in Afrika seine Beweglichkeit und seinen Eifer; er wird stumpfsinnig und geht sehr häufig am Fieber zu Grunde[9]) Dagegen hat der Klimawechsel für Katzen und Schweine, die man von Europa nach Afrika bringt, keine schlimmen Folgen.

Wie wir oben (S. 7) bereits erwähnt haben, besteht das Fiebergift höchst wahrscheinlich aus winzigen vegetabilischen Keimen, für deren Entwicklung stagnierende Wasser, nasser Boden, ruhige, feuchte Luft, dumpfige Wohnstätten sich besonders günstig erweisen. Indem jene Giftkeime durch Austrocknung frei werden, verbreiten sie sich in der Luft und werden durch den Atmungsprozeß in den menschlichen Körper eingeführt. Möglicherweise geschieht dies auch bisweilen durch das Trinkwasser. Da der Gesamtcharakter und die Symptome des Fiebers nach Ort und Zeit sich nicht unwesentlich verändern, so wäre es wohl denkbar, daß es mehrere Formen jener kleinsten vegetabilischen Wesen giebt.

In keinem Falle dürfen wir Gase oder sonstige anorganische Stoffe als Ursache des Fiebers ansehen. An derartige Stoffe kann sich der menschliche Körper gewöhnen, wenn er sie nur in sehr geringer Menge aufzunehmen hat. Nun schützt aber kein noch so langes Leben in den Tropengebieten gegen das Fieber; denn dasselbe verschont niemanden, weder

---

1) Hugo Zöller, Das Togoland und die Sklavenküste. Berlin und Stuttgart 1885. S. 65. — 2) Gerhard Rohlfs, Quer durch Afrika. Leipzig 1874. Bd. II S. 89. Vergl. hierzu auch Heinrich Barth, Reisen und Entdeckungen in Nord- und Centralafrika in den Jahren 1849–1855. Bd. V. Gotha 1858. S. 359. — 3) G. A. Fischer, Mehr Licht im dunklen Weltteil. Hamburg 1885. S. 116. — 4) Ernst Marno, Reisen im Gebiete des Blauen und Weißen Nil. Wien 1874. S. 166. Georg Schweinfurth, Im Herzen von Afrika. Leipzig und London 1874. Bd. I S. 189. — 5) G. A. Fischer, a. a. O. S. 41. — 6) Hugo Zöller, Die deutsche Kolonie Kamerun. Berlin und Stuttgart 1886. Teil II S. 160. — 7) G. Tams, Die portugiesischen Besitzungen in Südwestafrika. Hamburg 1845. S. 34. — 8) A. Merensky, Beiträge zur Kenntnis Südafrikas. Berlin 1875. S. 29f. — 9) G. A. Fischer, a. a. O. S. 26. J. Falkenstein: Die Loango-Expedition. Leipzig 1879. Abt. II S. 113.

Neger noch Weiße, weder alte Ausiedler noch Neulinge. Es liegt demnach sehr nahe, den Träger des Krankheitsstoffes in gewissen Organismen zu suchen, deren schädlicher Einfluß durch keine Gewohnheit überwunden wird, die sich im Gegenteil unter bestimmten Verhältnissen mit unglaublicher Geschwindigkeit im menschlichen Körper vermehren und ihm dadurch verderblich werden.

Sicherlich ist auch der unmittelbaren Einwirkung der Sonnenstrahlen auf den menschlichen Körper keine Schuld an dem Auftreten des Fiebers beizumessen, obwohl in vielen Gegenden, wie z. B. in Sennar, diese Anschauung allgemein verbreitet ist. Umgekehrt dürften die Sonnenstrahlen, indem sie feuchte Orte austrocknen, im stande sein, jene Miasmen lebensunfähig und somit unschädlich zu machen, wie denn aus diesem Grunde die halbdunklen, feuchten Orte (wie Walddickichte, dumpfe Wohnräume) weit mehr zu fürchten sind als die dem Sonnenschein zugänglichen[1]).

Zwischen dem Einatmen der Miasmen und den ersten deutlichen Äußerungen der Krankheit liegt bisweilen ein Zeitraum von mehreren Tagen, ja selbst von zwei bis drei Wochen[2]). Doch kommt eine so lange Frist wohl nur für diejenigen Europäer in Betracht, welche den afrikanischen Boden eben erst betreten haben und somit den Krankheitsstoff nur allmählich in jener Menge aufnehmen, welche zum Ausbruch der Krankheit nötig ist. Damit ist die Möglichkeit nicht ausgeschlossen, daß diesem Ausbruch eine neue, verstärkte Aufnahme von Miasmen unmittelbar vorausging. Thatsächlich stellt sich bei den in der Tropenzone Ansässigen nicht selten schon wenige Stunden nach einer ermüdenden Jagd im sumpfigen Waldrevier, nach einem anstrengenden Marsche oder einer Bootfahrt auf dem von Maugrovewaldungen umgebenen Strandsee Ermattung und Kopfweh oder wohl gar ein ausgebildeter Fieberanfall ein[3]).

Das Sumpffieber oder afrikanische Fieber, welches durchaus dasselbe ist wie unser Wechsel- oder kaltes Fieber, zeigt einen außerordentlich mannigfachen Verlauf. Insbesondere lassen sich drei verschiedene Formen desselben leicht unterscheiden.

Die erste und leichteste Form des Fiebers äußert sich etwa folgendermaßen: Man bemerkt zunächst eine Eingenommenheit des Kopfes und ein eigentümliches Ziehen in den Gliedern, besonders in den Fingerspitzen, und hat das Bedürfnis zu gähnen und sich zu dehnen. Hierauf treten bald leichtere, bald stärkere Frostschauer ein, gegen welche sich warme Kleider und heiße Getränke völlig wirkungslos erweisen. Während so der Kranke vom Frost mächtig geschüttelt wird, findet eine beschleunigte Atmung statt, und eine Übelkeit bemächtigt sich des Kranken, die nicht selten mit Erbrechen verbunden ist. Diese Periode des Frostes hält zuweilen zwei Stunden an. Hierauf stellt sich nach kurzem Wechsel von Frostschauern und Wärmegefühl eine starke Hitze ein, die von einem Brennen in den Augen und heftigem Durst begleitet ist. Die Haut wird allmählich rot und schwillt, und es entwickelt sich schließlich (bei starken Anfällen erst nach mehreren Stunden) ein kräftiger Schweiß, der durch den Genuß von Thee oder Citronensaft wesentlich gefördert wird. Damit ist die Macht des Fiebers gebrochen. Die Hautrötung läßt nach, ebenso die Empfindung der Hitze und das Durstgefühl; der Atmungsvorgang vollzieht sich ruhiger und

---

1) G. A. Fischer, Mehr Licht im dunklen Weltteil. Hamburg 1885. S. 36. — 2) C. C. von der Decken, Reisen in Ostafrika in den Jahren 1859—1861. Leipzig und Heidelberg 1869 Bd. I S. 331. — 3) J. Falkenstein: Die Loango-Expedition. Leipzig 1879. Abt. II S. 173.

freier; das Kopfweh verliert sich, namentlich wenn ein erquickender Schlaf nicht ausbleibt. Gar bald macht sich auch der Appetit wieder geltend, der während des Anfalls völlig geschwunden war, zunächst aber natürlich nur in maßvoller Weise befriedigt werden darf.

Ähnliche Anfälle, bei denen stets Frost, Hitze und Schweiß in verschiedener Dauer und Stärke aufeinander folgen, wiederholen sich eine Zeit lang an jedem Tage fast um dieselbe Stunde und zwar meistens gegen Abend, bisweilen aber auch an jedem Morgen. Nicht selten beträgt die fieberfreie Zeit zwischen zwei Fieberausbrüchen zwei, drei oder vier Tage.

Da das entworfene Bild vielleicht manchem etwas schwarz erscheinen möchte, so wollen wir zur Beruhigung hinzufügen, daß alle diese Vorgänge nicht schlimmer sind als etwa die mit unserem Schnupfenfieber verbundenen. Viele Tropenbewohner beachten sie deshalb kaum. Sie besitzen die Energie, während eines Anfalls ihr Haus zu verlassen und leichtere Geschäfte zu besorgen; sie singen und scherzen mit ihren Freunden und finden es kaum der Mühe wert, von dieser kleinen Unpäßlichkeit jemandem Mitteilung zu machen. Zu empfehlen ist allerdings ein so gleichgültiges Verhalten nicht; denn je mehr man sich bei solcher Gelegenheit beobachtet und pflegt, um so rascher überwindet man das Übel. Besonders wichtig ist der zweckmäßige Gebrauch des Chinins. Um einem erneuten Anfall vorzubeugen, nimmt man die Arznei einige Stunden früher ein, bevor man die Wiederholung desselben erwartet. Brech- und Abführmittel mögen bei Beginn des Wechselfiebers öfter mit Erfolg angewandt werden (namentlich von kräftigen Personen, deren Magen bei Anfang der Krankheit stark überladen ist); doch greift man im allgemeinen viel zu häufig zu denselben und schadet damit der Gesundheit mehr, als man ihr nützt. Bei schwächlichen Personen bewirken derartige Mittel bisweilen eine rasche Kräftezerrüttung und nicht selten sogar den Tod. Die Brechneigung, die sich vielfach ganz von selbst mit dem Fieber einstellt, überwindet man am leichtesten durch Brausepulver, welche überhaupt dem Tropenreisenden köstliche Dienste leisten.

Es ist um so wünschenswerter, das Fieber sofort mit Nachdruck zu bekämpfen, als es bei häufiger Wiederkehr sehr üble Folgen hinterläßt. Sie treten schon äußerlich zu Tage in der erdfahlen, graugrünlichen Hautfarbe, den blassen Lippen und einer starken Abmagerung. Hand in Hand damit gehen eine lange währende Schwäche des Körpers und Geistes (besonders Gedächtnisschwäche), Gemütsverstimmung, Verdauungsstörungen, sowie die Bildung bedeutender Anschwellungen der Leber und Milz, welche sich gegen Fingerdruck sehr schmerzhaft zeigen. Die Milz erreicht bisweilen das Fünffache ihres gewöhnlichen Umfanges, und so erlangt der ganze Unterleib eine unnatürliche Stärke. Es entwickelt sich nach alledem ein Siechtum, das nur durch Klimawechsel und sorgfältige Körperpflege gehoben werden kann, vielfach aber auch nach längerer oder kürzerer Dauer zum Tode führt.

Die zweite Form des Fiebers entbehrt den regelrechten Verlauf der ersten. Einzelne Krankheitserscheinungen wiederholen sich hierbei vielleicht regelmäßig in gewissen Zwischenräumen; meist aber äußert sich das Fieber in der rätselhaften Gestalt eines allgemeinen Krankheitsgefühls, welches mit Kopf- und Zahnweh verbunden ist. In anderen Fällen offenbart sich die Krankheit nur in einer erhöhten Nervosität. Auch über diese Form des Fiebers hilft das Chinin am raschesten hinweg. Da ein Fieber, welches in so verhüllter Gestalt einherschreitet, sehr schwer erkannt wird, so empfiehlt es sich, bei

Beginn jedes Unwohlseins sich sofort des Chinins zu bedienen; wirkt dasselbe unmittelbar, so hat man es zweifellos mit einem solchen verkappten Fieber zu thun gehabt[1]).

Die dritte und schlimmste Form des Fiebers ist das sogenannte perniciöse Fieber. Namentlich erliegen solche Kranke häufig demselben, welche durch lang anhaltende Wechselfieber der ersten Form geschwächt worden sind. Die Fieberanfälle werden nach und nach immer heftiger und gehen endlich ohne Unterbrechung ineinander über, so daß der Kranke nicht wieder fieberfrei wird. Doch tritt das perniciöse Fieber vielfach auch auf, ohne leichtere Fieber vorausgesandt zu haben. Es stellt sich eine hohe Hitze, ein kräftiges Herzklopfen und ein lebhaftes Pulsieren der Schläfe ein, und der Kranke wird von brennendem Gehirnschmerz, sowie von furchtbarem Gliederweh gepeinigt. Derselbe ist dann meist bewußtlos; er versinkt in schwere Träume und Visionen und vermag Wirklichkeit und Täuschung nicht mehr zu unterscheiden; ja es kommt häufig sogar zu Anwandlungen von Wahnsinn und Raserei. Verschwindet bisweilen auch das Fieber auf eine kurze Zeit, so bleiben doch unausgesetzt gewisse Krankheitserscheinungen bestehen: große Mattigkeit und Appetitlosigkeit, quälender Durst, bedeutende Leber- und Milzanschwellung. Reichlicher Schweiß gilt als Zeichen für eine günstige Krankheitsentwicklung; ist jedoch die Haut andauernd heiß und trocken, so ist ein schlimmer Ausgang zu befürchten. Meistens vollzieht sich die Entscheidung innerhalb eines Zeitraumes von drei bis neun Tagen. Vielfach erinnert der erschreckend schnelle Verlauf der Krankheit, die in wenigen Tagen zum Tode führen kann, lebhaft an Cholera und Gelbes Fieber. Ganz besonders bedenklich sind diejenigen Fälle, bei denen (wie beim Gelben Fieber) starke Blutausscheidungen durch den dunklen und bisweilen kohlschwarzen Harn erfolgen.

Solch schweren Erkrankungen gegenüber ist der Mensch ziemlich machtlos. Man reicht dem Kranken Chinin dar und bewirkt kalte Umschläge um den Kopf. Der Gebrauch von Brech- und Abführmitteln erfordert große Vorsicht und sollte nur auf ärztliche Anordnung hin vorgenommen werden. Die Brechmittel sind niemals bei schweren, von Gehirnerscheinungen begleiteten Erkrankungen anzuwenden. Ebenso darf ein Aderlaß nur auf ärztlichen Rat unter genauer Würdigung aller Symptome an kräftigen, vollblütigen Personen stattfinden. Hingegen können örtliche Blutentziehungen (durch Blutegel oder durch das Schröpfhorn, in Afrika gewöhnlich ein für diese Zwecke hergerichtetes Kuh- oder Antilopenhorn) auch von dem Laien gewagt werden; bei starkem Blutandrang nach dem Kopf und bei großem Brustschmerz leisten sie besonders gute Dienste.

Das perniciöse Fieber wird mit Recht sehr gefürchtet; denn die Hälfte aller derer, die an ihm erkranken, ist unrettbar verloren. Die Furcht vor demselben vermindert sich jedoch bedeutend, wenn wir hören, daß nach allgemeiner Erfahrung nur ein völlig erschöpfter Körper dieser Krankheit verfällt. Wer also seinen Körper nicht rücksichtslos behandelt, wer sofort nach Europa zurückkehrt, sobald er eine tiefgehende Zerrüttung seiner Gesundheit beobachtet, der kann diese gefährliche Krankheit leicht vermeiden. Glücklicherweise ist das perniciöse Fieber nicht häufig und auch nicht ansteckend.

Das Radikalmittel gegen die Fieber, das im tropischen Afrika geradezu unentbehrlich ist und gegen Gold nicht aufgewogen werden kann, ist das Chinin. Zu rechter Zeit und in rechtem Maße genossen bewirkt es fast stets die Genesung des Fieberkranken. Namentlich

---

1) J. Falkenstein: Die Loango-Expedition. Leipzig 1879 Abt. II S. 175.

gilt dies im Hinblick auf leichtere Fieberanfälle; aber auch bei den schlimmsten Fieberausbrüchen bewährt es gar oft seine wunderbare Heilkraft. Bleibt das Fieber trotz der richtigen Anwendung des Chinins bestehen, so ist man zu dem Schlusse berechtigt, daß an dem betreffenden Orte immer wieder eine neue Ansteckung erfolgt, daß man sich also an einem sehr schlimmen Fieberherde befindet.

Man verabreicht in Afrika vielfach sehr starke Dosen Chinin ($1\frac{1}{2}$—2 g), wie man sie in Europa kaum jemandem zumuten würde, Dosen, welche für einige Zeit eine Art Taumel zurücklassen und zu groben Sinnestäuschungen führen. Natürlich ist es eines jeden Pflicht, zumal wenn er keine ärztliche Hilfe erlangen kann, mit Sorgfalt zu beobachten, welche Menge Chinin ihm zusagt. Auch hierin gewinnt man gar bald eine gewisse Erfahrung. In manchen Verhältnissen freilich kann der zweckentsprechende Gebrauch des Chinins nur durch den Arzt angeordnet werden.

Viele Tropenreisende raten die Benutzung des Chinins nicht allein den Kranken, sondern auch den Gesunden. Sie sind der Meinung, daß man sich durch tägliches Einnehmen kleiner Mengen Chinin gegen das Fieber schützen oder die Wirkungen desselben wenigstens wesentlich abschwächen könne. In diesem Sinne äußert sich z. B. G. Rohlfs[1]). Auch Eduard Mohr[2]) hat diese Vorbeugungsmethode mit gutem Erfolg angewandt, indem er einige Tage vor seiner Ankunft in feuchten, fieberreichen Niederungen leichte Dosen von Chinin einnahm. Ebenso suchte Georg Schweinfurth[3]) das Fieber durch Chiningenuß im Keime zu ersticken. Er griff bei der geringsten Erkältung und Durchnässung, bei jeder kleinen Magenbeschwerde sofort zu Chinin, indem er von der Ansicht ausging, daß jedwede Erkrankung in der Tropenzone als ein Thor zu betrachten sei, auf dessen Öffnung ein hinterlistiges Fieber lauert, um dann sofort in den bereits geschwächten, widerstandslosen Körper einzudringen. Einen solchen Kampf in seinem Innern glaubte er wiederholt deutlich verspürt zu haben, wenn er „bei plötzlicher Benommenheit des Kopfes, bei jenem Ziehen, welches sich in den Schultern bemerkbar macht, oder bei einem die Beine anwandelnden Gefühl von Schwäche die Ankunft des bösen Gastes witterte." Schweinfurth empfiehlt, das Chinin vor dem Gebrauch in Gallertkapseln einzuschließen, damit nicht bei dem Reisenden jener unüberwindliche Ekel gegen die bittere Arznei erzeugt werde, der den Ausbruch eines Fiebers eher befördert als verhindert. Ebenso gut lassen sich natürlich auch Pillen oder Oblaten zur Umhüllung verwenden.

Wenn hier der vorbeugenden Verwendung des Chinins das Wort geredet wird, so soll damit keineswegs dem Gesunden eine regelmäßige Benutzung dieses Arzneimittels geraten werden. Im Gegenteil ist hiervor entschieden zu warnen. Zu kleine Gaben erweisen sich wirkungslos; größere Dosen aber rufen Verdauungsbeschwerden und Muskelzittern hervor; ja nach längerem Gebrauch stellen sich sogar Vergiftungssymptome an den wichtigsten Organen, an Herz, Gehirn und Rückenmark ein[4]). So führt der regelmäßige Chiningenuß eine tiefgehende Zerrüttung des Körpers herbei, welche weit schlimmer ist als ein Fieberanfall, der doch meistens leicht überwunden wird; ein so geschwächter Körper erliegt dann um so schneller dem Fieber. In der That wird dies durch mannigfache Erfahrungen am

1) Quer durch Afrika. Leipzig 1874. Bd. II S. 78 f. — 2) Nach den Viktoriafällen des Zambesi. Leipzig 1875. Bd. II S. 43. — 3) Im Herzen von Afrika. Leipzig und London 1874. Bd. I S. 137 f. 352. — 4) J. Falkenstein: Die Loango-Expedition. Leipzig 1879. Abt. II S. 115. Vergl. auch Gustav Nachtigal, Sahara und Sudan. Bd. II. Berlin 1881. S. 462.

Kongo und Niger, sowie in Sennar bestätigt[1]). Dagegen ist es sehr zweckmäßig, sich des Chinins bei jedem beginnenden Unwohlsein sofort zu bedienen, ohne den völligen Ausbruch des Fiebers abzuwarten. Auch bei anstrengenden Wanderungen durch ungesunde Gebiete, bei denen eine Fiebererkrankung sehr leicht eintreten kann, ist der vorbeugende Chiningebrauch durchaus zu billigen, nie aber bei völligem Wohlbefinden unter gewöhnlichen Verhältnissen. Nach Hartmann[2]) gewährt der häufigere Genuß einer Abkochung von Chinarinde mit Wein, Rum oder Coguac einen gewissen Schutz gegen das Fieber in ungesunden Gegenden.

Ein ausgezeichnetes Mittel zur Bekämpfung des Fiebers ist neben dem Chinin ein wiederholter Wechsel der Wohnung, beziehentlich des Lagers, also Luftveränderung. Besonders ist dieselbe in der Zeit der Genesung außerordentlich heilsam; eine kleine Reise genügt gar häufig zur Herstellung der Gesundheit. Im Reiche des Muata Jamwo pflegen demgemäß die Eingebornen bei längerer Erkrankung von einem Ort zum andern zu ziehen, bis sie völlig gesund sind[3]). Befindet sich jemand, während er vom Fieber geplagt wird, in der Nähe des Meeres, so ist ihm eine Seefahrt sehr zu raten; denn die reine Seeluft wirkt wunderbar erfrischend. An der Küste von Niederguinea lassen sich erkrankte Faktoristen häufig von dem nächsten Dampfer nach Süden tragen, um in Mossamedes (unter 16° s. Br.), einem außerordentlich gesund gelegenen Küstenorte, eine kurze Zeit zu verbringen oder von hier schon mit der nächsten Post wieder zurückzukehren. Infolge der zweiwöchentlichen Seereise sind meist alle Krankheitserscheinungen verschwunden[4]).

Da selbst die Neger dem Fieber nicht entgehen, so wird es noch viel weniger den Europäern jemals gelingen, sich an das Fiebergift zu gewöhnen. Es mag sein, daß ältere Personen, welche schon geraume Zeit in der Tropenzone verweilen, die Fieberanfälle mit einer gewissen Geringschätzung behandeln und sie kaum beachten; aber sie bleiben keineswegs von denselben verschont. Unter diesen Umständen ist es für jeden wichtig, diejenigen klimatischen Einflüsse kennen zu lernen, welche seine Gesundheit besonders bedrohen, und ihnen auszuweichen, wo es nur immer möglich ist. Namentlich hat man in der Regenzeit, welche die meisten Gefahren mit sich bringt, den Körper sorgfältig zu überwachen und ihn vor unnötigen Anstrengungen zu bewahren. Man meidet dann große Märsche, setzt sich nicht ohne Schutz der Sonnenglut aus und läßt sich weder an stehenden Wassern, noch in feuchten Thälern nieder. Man hält auf mäßige, aber kräftige Kost, körperliche Bewegung und genügenden Schlaf und hütet sich sorglich vor Erkältungen und Durchnässungen. Sehr schädlich sind auch heftige Gemütserregungen; bei nicht wenigen Afrikareisenden[5]) stellte sich nach jedem scharfen Wortwechsel mit den Trägern, nach jedem Streit mit den eingebornen Herrschern, nach jeder mißlungenen Unternehmung pünktlich ein Fieber ein.

Wir erinnern hierbei noch an eine Thatsache, die sich mit den letztgenannten Forderungen scheinbar nicht vereinigen läßt, aber von so vielen Seiten bestätigt wird, daß wir an der Richtigkeit derselben nicht zweifeln können. Es hat sich nämlich vielfach gezeigt,

1) Robert Hartmann, Naturgeschichtlich-medizinische Skizze der Nilländer. Berlin 1865. S. 378. — 2) a. a. O. S. 378. — 3) Paul Pogge, Im Reiche des Muata Jamwo. Berlin 1880. S. 190. — 4) Vergl. hierzu Eduard Mohr, Nach den Viktoriafällen des Zambesi. Leipzig 1875. Bd. II S. 42f. Herm. Soyaux, Aus Westafrika. 1873--1876. Leipzig 1879. Teil II S. 80, 82. J. Falkenstein: Die Loango-Expedition. Leipzig 1879. Abt. II S. 181. Oskar Lenz, Skizzen aus Westafrika. Berlin 1879. S. 135. — 5) Vergl. z. B. Max Buchner in der Deutschen Kolonialzeitung. Jahrgang III (1886) S. 560.

3*

daß man auf anstrengenden Märschen meist frisch und gesund bleibt, aber sofort am Fieber erkrankt, sobald man nach Erreichung seines Wanderzieles der Ruhe genießt. Heinrich Barth[1]) beobachtete dies sowohl in Jola, als auch in Timbuktu. Denselben Tag, beinahe dieselbe Stunde, in welcher er diese Städte betrat, wurde er krank. Die geistige Spannung hatte ihn rüstig erhalten, so lange das Ziel noch vor ihm lag; sowie aber dieser Forschungstrieb befriedigt war, schwand mit der geistigen Energie auch die Spannkraft des Körpers. Ähnliche Erfahrungen haben zahlreiche andere Tropenreisende gemacht[2]). Sicher ist der Körper viel leistungsfähiger und überwindet jede Art von Ermüdung wesentlich leichter, so lange nebenher ein reges geistiges Interesse den Menschen fesselt; verliert sich dieses jedoch plötzlich, so wird mit der geistigen Frische vielfach auch die körperliche Kraft sofort hinfällig.

Hierher gehört auch die seltsame Wahrnehmung, obgleich dabei wohl noch besondere Umstände in Betracht kommen mögen, daß manche Flußpferdjäger oft wochenlang unter großen körperlichen Anstrengungen in sumpfigen Niederungen umherziehen, ohne vom Fieber belästigt zu werden. Wenige Tage aber, nachdem sie das ungesunde Jagdrevier verlassen haben, stellt sich gewöhnlich das Fieber ein[3]). Dazu stimmt auch die Thatsache, daß vielfach Europäer während ihrer Heimreise nach Europa auf dem Schiffe erkranken und zwar nicht bloß diejenigen, welche schon in Afrika über Unwohlsein klagten, sondern auch solche, die sich bei ihrer Abfahrt völlig wohl fühlten[4]). In allen diesen Fällen hielt das gesteigerte geistige Interesse zunächst den Ausbruch der Krankheit lange zurück, wodurch freilich die Gefahr für den Körper bei der notwendig folgenden Abspannung um so größer wurde. Es ergiebt sich hieraus die Mahnung, den plötzlichen Übergang von einem mühevollen Wanderleben zu behaglicher Ruhe oder wenigstens verhältnismäßiger Unthätigkeit möglichst zu vermeiden.

Am widerstandsfähigsten ist stets eine kräftige, aber nicht allzu vollblütige Konstitution; darum ist der Mensch in den Jahren jugendlicher und männlicher Kraft dem Fieber gegenüber viel wehrfähiger als im vorgerückten Alter. Wenn dennoch so viele Afrikareisende in der Blüte ihres Lebens dahingerafft werden, so ist dies einfach dadurch zu erklären, daß sie sich ganz außergewöhnlichen Gefahren aussetzen.

Gegen die letzten Ausführungen scheint eine Thatsache zu sprechen, die uns aus den verschiedensten Teilen Afrikas berichtet wird[5]). Schwächere Personen erkranken nämlich meist sehr bald nach ihrer Ankunft in Afrika am Fieber; doch bleibt das letztere unbedeutend und wird durch Chinin rasch bewältigt. Kräftigere Naturen hingegen werden zwar viel später, dafür aber um so heftiger von jenem Leiden befallen. Diese zunächst überraschenden

---

1) Reisen und Entdeckungen in Nord- und Centralafrika in den Jahren 1849—1855. Bd. II. Gotha 1857. S. 582. Bd IV. Gotha 1858. S. 447. 2) Herm. Soyaux, Aus Westafrika. 1873—1876. Leipzig 1879. Teil II S. 136. G. A. Fischer, Mehr Licht im dunklen Weltteil. Hamburg 1885. S. 37 f. Kurt Weiß, Meine Reise nach dem Kilima-Ndscharo-Gebiet. Berlin 1886. S. 42. Emil Metzger in der Deutschen Kolonialzeitung. Jahrgang III (1886) S. 590. — 3) G. A. Fischer, a. a. O. S. 36. — 4) Hugo Zöller, Die deutsche Kolonie Kamerun. Berlin und Stuttgart 1886. Teil II S. 160. — 5) Dies wird uns mitgeteilt aus Liberia (Hugo Zöller, Das Togoland und die Sklavenküste. Berlin und Stuttgart 1885. S. 65), von der Goldküste (Reinhold Buchholz, Reisen in Westafrika. Leipzig 1880. S. 55. 122), aus Kamerun (Bernhard Schwarz, Kamerun. Leipzig 1886. S. 87), aus Gabun (Oskar Lenz, Skizzen aus Westafrika. Berlin 1879. S. 19) und aus Angola (Paul Pogge, Im Reiche des Muata Jamwo. Berlin 1880 S. 18).

Erfahrungen lassen sich am ungezwungensten in folgender Weise rechtfertigen: Der schwächliche Europäer wird schon durch eine kleine Menge eingeatmeten Fiebergiftes auf das Krankenlager geworfen; aber das Unwohlsein geht, den geringen üblen Einwirkungen entsprechend, rasch und leicht vorüber. Doch ist der Betreffende gewarnt und sucht sorgsam durch ein zweckmäßiges Leben allen schlimmen klimatischen Einflüssen zu begegnen. Ganz anders verhält sich meist eine kräftige Person. Sie überwindet spielend kleinere Übel und mutet sich im Vollgefühl ihrer Stärke bedeutende Anstrengungen zu. Natürlich werden dabei die Kräfte auf das äußerste in Anspruch genommen, bis endlich das Maß voll ist und der Körper, von einem Fieber ergriffen, unter den ihm aufgebürdeten Lasten zusammenbricht. Dieser Ausgang ist aber nicht dem kräftigen Körperbau, sondern lediglich der menschlichen Thorheit zuzuschreiben[1]).

Ähnlich liegen die Dinge sehr häufig, so daß das afrikanische Klima viel gefährlicher erscheint, als es in Wahrheit ist. Besonders haben wir zur Beruhigung der nach Afrika reisenden Europäer noch hinzuzufügen, daß der erste Fieberanfall niemals zum Tode führt und daß die Krankheit meistens bald weicht, wenn man, womöglich unter ärztlichem Beistand, von dem ersten Unwohlsein an mit Umsicht und Energie das Fieber bekämpft und das Chinin in richtiger Weise anwendet. G. A. Fischer[2]) hat während seiner ärztlichen Thätigkeit in Sansibar 2050 Malariakranke behandelt, welche außer 400 Europäern meist Inder und Goanesen waren, und von allen diesen ist nur einer gestorben, ein Europäer, der noch mit einem anderen Leiden behaftet war. Wenn man bedenkt, daß unter jenen Kranken verschiedene von so bösartigen Fiebern heimgesucht wurden, daß sie schon im Anfang der Krankheit bewußtlos zusammenbrachen, so wird uns das Fieber bei weitem nicht mehr so grauenvoll vorkommen, wie es vielfach geschildert wird.

Die zweite Gruppe der Leiden, welche in der Tropenzone nächst den Fiebern am häufigsten beobachtet werden, sind die Hautkrankheiten. Wenn wir erwägen, wie oft in jenem Klima die Haut von Schweiß durchtränkt wird, wie sehr sie den Einwirkungen der Sonnenstrahlen, der Insekten und anderen Reizen ausgesetzt ist, so können wir die große Verbreitung der Hautkrankheiten leicht begreifen. Doch sind sie mehr unangenehm als gefährlich, können aber bei längerer Dauer außerordentlich peinlich werden und den Kräftezustand des Körpers sehr erschüttern.

Treffen die Sonnenstrahlen längere Zeit den menschlichen Körper, so rufen sie eine Rötung der Haut hervor. Dieselbe erfolgt in der Tropenzone bisweilen schon nach einem kurzen Spaziergange, nach flüchtigem Aufenthalt auf dem schattenlosen Vorderdeck des Schiffes. Wer gar in der Mittagsglut, etwa auf einer Jagd, Arm und Brust entblößt, um den erfrischenden Hauch des Windes recht zu genießen, erfährt eine weit stärkere Verbrennung an seiner Hautoberfläche: es bilden sich Blasen, und die Oberhaut der getroffenen Stelle löst sich ab. Natürlich kann man sich nach und nach gegen die Sonnenstrahlen abhärten; völlig „sonnenhart" dürften jedoch nur selten Europäer werden.

Eine im tropischen Afrika, besonders an den Küsten weit verbreitete Hautkrankheit ist der „Rote Hund" (englisch prickly heat), eine entzündliche Schwellung der Schweißdrüschen. Dieses Leiden ist in der Regenzeit ziemlich allgemein. Es wird dann bei starker

1) J. Falkenstein: Die Loango-Expedition. Leipzig 1879. Abt. II S. 107f. — 2) Mehr Licht im dunklen Weltteil. Hamburg 1885. S. 45f.

Luftfeuchtigkeit die Verdunstung an der Hautoberfläche verzögert und die Haut durch das an ihr haftende salzige Sekret, besonders unter den Kleidern, stark gereizt; hierdurch entstehen auf rotem Grunde kleine Knötchen von der Größe eines Stecknadelknopfes, welche ein starkes Jucken erzeugen. Dasselbe steigert sich sofort in entsetzlicher Weise, sobald eine vermehrte Blutzufuhr nach der Haut stattfindet (wie beim Niesen, Gehen, Essen und Trinken); dann hat man die Empfindung, als ob man mit Tausenden von Nadeln gestochen würde. So gefahrlos diese Krankheit auch an und für sich ist, so führt sie doch bald zu großer Nervosität; auch wird durch die fortdauernde Störung des Schlafs der Körper sehr geschwächt. Hier nützen weder Waschungen noch Bäder, vor allem keine Seebäder, die den reizbaren Zustand der Haut wesentlich erhöhen würden, auch keine Einreibungen mit Salben. Dagegen erzielt man sehr rasch eine Besserung, wenn man die ganze Haut mit Streupulver oder Mehl bepudert, dabei den Körper kühl hält und statt der Wolle eine leichtere Kleidung wählt[1]). Übrigens gilt diese Krankheit als ein Zeichen vollkommener Fieberfreiheit[2]).

Ferner werden gar oft schmerzhafte Hautleiden durch die Moskitostiche hervorgerufen, besonders wenn in die von der Oberhaut entblößten Stellen allerhand Schmutz eindringt. In unmittelbarer Nähe von stehenden Wassern, namentlich in den sumpfigen Deltagebieten, tummeln sich die Moskitos zu jeder Jahreszeit in großen Scharen. Anderwärts verschwinden sie in der Periode der Trockenheit fast ganz, werden aber zur Regenzeit, in welcher auch die übrige Natur sich neu belebt, zu einer Schrecken erregenden Macht; das laute Gezirpe der Insekten, das gleichmäßige Summen der Moskitos ertönt dann die ganze Nacht hindurch und ist völlig dazu angethan, jemanden nervös zu machen.

Selbst die Neger, welche die Angriffe dieser kleinen Feinde von Jugend auf gewöhnt sind, setzen sich gegen dieselben zur Wehr. Vielfach begnügen sie sich allerdings damit, durch Schläge nach den gestochenen Teilen die kleinen Störenfriede während der Nacht zu verscheuchen, wobei sie übrigens meist ganz ruhig weiter schlafen[3]); in anderen Fällen, wie am Senegal[4]), suchen sie in der schlimmsten Jahreszeit ihre Nachtruhe außerhalb der Dörfer auf hohen Holzgerüsten, unter denen ein schwaches Feuer glimmt, und im Massailande[5]) bringen die Neger die Nächte der Regenzeit tanzend im Freien zu.

Natürlich ist der Europäer in dieser Hinsicht noch viel empfindsamer als der Neger. Am schrecklichsten wird der Jäger gepeinigt, der es wagt, sich während der Regenperiode des Nachts auf den Anstand zu begeben. Er wird durch die Myriaden der kleinen Blutsanger so gequält, daß er nie zu einem sicheren Schusse kommen kann. Indem er unruhig wird und sie zu verjagen sucht, verscheucht er auch das Wild und erlangt so nie eine Beute. Man hat die mannigfachsten Maßregeln ergriffen, um dieser kleinen Tiere Herr zu werden. Mag auch durch Feuer, durch Tabaksrauch, durch Abbrennen von Schwamm ein Teil dieser winzigen Unholde vertrieben werden, wobei man sich übrigens manchmal selbst der Erstickungsgefahr aussetzt, so wird doch ein befriedigender Erfolg — etwa in einem Zimmer — nur dann erzielt, wenn man das Mark der Affenbrotbaumfrüchte in einem Gefäß langsam

1) J. Falkenstein: Die Loango-Expedition. Leipzig 1879. Abt. II S. 177. — 2) Hugo Zöller, Die deutsche Kolonie Kamerun. Berlin und Stuttgart 1885. Teil II S. 158. — 3) G. Tams, Die portugiesischen Besitzungen in Südwestafrika. Hamburg 1845. S. 168. — 4) Oskar Lenz, Timbuktu. Leipzig 1884. Bd. II S. 302 f. — 5) Joseph Thomson, Through Masai Land. London 1885. p. 471

verschwelen läßt[1]). Falls die Rauchentwicklung sich dabei in mäßigen Grenzen hält, erwachsen hieraus keinerlei Unannehmlichkeiten, da sich dieser Rauch durch einen gewissen Wohlgeruch auszeichnet. Während der Nacht empfiehlt es sich, durch das Moskitonetz sich zu schützen. Dasselbe ist nicht etwa ein Netz mit feinen Maschen, wie man aus dem Wortlaut ableiten könnte; dieses würde ja niemals seinem Zwecke entsprechen, da die Moskitos auch durch die feinsten Maschen einzudringen vermöchten. Es ist vielmehr ein einfaches Stück Mull oder sonst ein dünner Stoff, der nach allen Seiten hin das Bett vollständig einschließt. Der Gebrauch des Moskitonetzes mag häufig bei drückender Tropenschwüle sehr lästig werden, weil er die Lufterneuerung hindert; doch ist ohne dieses Netz in der Regenzeit noch viel weniger an eine erquickende Nachtruhe zu denken. Jeder Tropenreisende sollte, bevor er sein Lager aufsucht, sich erst überzeugen, ob sich das zugehörige Moskitonetz in tadellosem Zustande befindet, da eine solche Versäumnis gar zu oft durch eine schlaflose Nacht gebüßt wird.

Zahlreiche andere, zum Teil sehr schwere Hautkrankheiten herrschen fast nur unter der einheimischen Bevölkerung. Diese Leiden werden hervorgerufen durch den Genuß halbverdorbener Speisen und schlechten Trinkwassers, durch das Baden in stehendem, sumpfigem Wasser, vor allem aber durch fortgesetzte Unreinlichkeit, wie überhaupt durch große Selbstvernachlässigung.

Weit verbreitet ist in Mittelafrika der sogenannte Guinea- oder Medinawurm (Filaria medinensis, der Frendit der Araber), der im Unterhautzellgewebe seinen Sitz hat und die bösartigsten Geschwüre erzeugt, aus denen die Filaria durch allmähliches, vorsichtiges Aufwickeln um ein Stückchen Holz entfernt wird. Früher glaubte man, daß der Wurm beim Durchwaten sumpfiger Wasser von außen in den Körper gelange wofür die Thatsache spricht, daß Europäer, welche nur selten sumpfige Wasser durchschreiten, wenig von dieser Krankheit befallen werden. Neuere Untersuchungen aber haben es wahrscheinlich gemacht, daß jener Wurm durch das Trinkwasser in den menschlichen Körper eingeführt wird. Stellen sich die Würmer in großer Menge ein (bisweilen 20—30 Stück), so erfolgt gewöhnlich eine allgemeine Lähmung der Glieder und schließlich der Tod.

Im Jahre 1872 kam durch ein brasilianisches Schiff der Sandfloh (Pulex penetrans) nach den westafrikanischen Gestaden, ein Tier, das sich mit Vorliebe unter die Nägel der menschlichen Zehen einbohrt und so im höchsten Grade widerwärtig ist. Gelingt es nicht, das Tier mit dem unverletzten Eiersack aus dem Fuße herauszuziehen, so wird die Wunde eine Brutstätte für zahlreiche Individuen dieses Insekts, und es entstehen Eiterungen, die mit großen Schmerzen verbunden sind.

Verschiedene Hautausschläge, z. B. der Krokro an der Westküste Afrikas, sind außerordentlich ansteckend; der Europäer hat also die körperliche Berührung mit den von dieser Krankheit behafteten Negern sorgfältig zu meiden, wenn er nicht angesteckt sein will. Reinlichkeit und gute Nahrung sind daneben jedenfalls die beste Schutzwehr gegen derartige Krankheiten.

Möge es gestattet sein, hier ein kurzes Wort über Hautwunden einzuschalten! In der Tropenzone nehmen äußerliche, oft sehr unbedeutende Verletzungen durch Stoß oder Druck, ja selbst Stiche von Dornen, besonders in der feuchten Jahreszeit, leicht einen außerordentlich

[1] Dieses Mittel erwähnt J. Falkenstein in: Die Loango-Expedition. Leipzig 1879. Abt. II S. 178.

entzündlichen und gefährlichen Charakter an. Man hat also Grund genug, jede Wunde, wie klein sie auch sei, mit Sorgfalt zu behandeln. Namentlich empfiehlt es sich, eine solche stets möglichst bald mit einem Heftpflaster zu versehen.

Endlich spielen auch die Krankheiten der Unterleibsorgane in der Tropenzone eine wichtige Rolle. Wenn man bedenkt, daß der Verdauungskanal dort nicht bloß ganz andere, sondern auch weit mehr Nährstoffe zu verarbeiten hat, so sind derartige Störungen nur allzu begreiflich, zumal sie durch den Genuß von schlechtem Trinkwasser, von Alkohol und Arzneien vielfach begünstigt werden. Es sollte namentlich jeder, der die Tropengebiete zum ersten Male betritt, sich möglichst vor den schwer verdaulichen, stark gewürzten Negergerichten hüten. Nur selten läßt sich der Magen des Europäers einen solch unvermittelten Übergang gefallen. Hingegen erreicht man durch allmähliche Gewöhnung viel und ißt schließlich mit Wohlbehagen die Speisen der Eingebornen.

Neben dem Darmkatarrh bildet die Ruhr (Dysenterie) die gefürchtetste Krankheit dieser Gruppe, obwohl dieses Leiden sicher nicht so häufig ist, wie die Reiseberichte der Tropenwanderer melden, da in diesen Mitteilungen auch zahlreiche chronische Katarrhe als Ruhranfälle bezeichnet werden. Immerhin ist die Ruhr in der Tropenzone weit gefährlicher als bei uns. Offenbar wird diese Krankheit durch kleine Organismen erzeugt, deren Auffindung jedoch bisher ebenso wenig gelungen ist wie diejenige der Fiebermiasmen. Doch sind es zweifellos wesentlich verschiedene Keime, welche den beiden schlimmsten Tropenkrankheiten zu Grunde liegen, da das Auftreten der Ruhr nach Ort und Zeit vielfach mit dem der Fieber nicht übereinstimmt. Indes fordert auch sie im allgemeinen während der Regenzeit die meisten Opfer. Verdorbene Nahrungsmittel, besonders schlechtes Fleisch und von faulenden Stoffen erfülltes Wasser, begünstigen den Ausbruch dieser Krankheit; aber auch Erkältungen, Unmäßigkeit, Unreinlichkeit, Sorgen und Mühen tragen wesentlich hierzu bei.

Glücklicherweise nimmt die Ruhr in Afrika gewöhnlich keinen epidemischen Charakter an. Ist doch selbst eine so unsaubere Stadt wie Sansibar, wo die Ruhr niemals verschwindet, bisher stets von jeder Ruhrepidemie verschont geblieben! Die afrikanische Ruhr ist um so weniger zu fürchten, als wir gegen sie ein Mittel besitzen, welches fast ebenso sicher wirkt wie das Chinin bei Fieber: die Brechwurz (Ipecacuanha). Im Nilgebiet verordnen die gebildeten ägyptischen Ärzte anfangs Ricinusöl und setzen dann den Kranken meist auf Reiswasserdiät, gestatten ihm aber nebenbei noch den Genuß geringer Mengen von Arrowroot und Gummi arabicum[1]). Zur Beseitigung schwerer Ruhranfälle wird bisweilen schleuniger Klimawechsel gefordert. Indes hat die Erfahrung gelehrt, daß eine Reise unter diesen Verhältnissen sehr gewagt ist und leicht zu völliger Vernichtung der Körperkräfte führen kann. Man sollte daher bei schweren Ruhranfällen ein anderes Klima erst dann aufsuchen, wenn die Genesung bis zu einem gewissen Grade vorgeschritten ist[2]).

Auch Leber und Milz sind zwei in der Tropenzone sehr bedrohte Organe. Schon früher (S. 16) wurde erwähnt, daß sie nach häufigen Fiebererkrankungen eine außerordentliche Größe erlangen. Da der Stoffwechsel in der tropischen Zone viel lebendiger ist als im gemäßigten Klima, so hat natürlich die Leber mehr zu leisten und befindet sich infolge-

1) Robert Hartmann, Naturgeschichtlich-medizinische Skizze der Nilländer. Berlin 1865.
2) J. Falkenstein: Die Loango-Expedition. Leipzig 1879. Abt. II S. 181 f.

dessen in einem Zustande der Blutüberfüllung, bei dem sie zu einer Entzündung viel mehr neigt als sonst.

Überblicken wir noch einmal das, was bisher über die Leiden des Europäers im tropischen Afrika gesagt worden ist, so stellt sich ein weit günstigeres Gesamtergebnis heraus, als man nach den allgemein üblichen Meinungen erwarten sollte. Zahlreiche epidemische Krankheiten, welche in unserer Heimat besonders das Kindesalter gefährden, fehlen dort oder bleiben wenigstens bedeutungslos; zum Ersatz dafür sind die Tropenbewohner allerdings viel vom Fieber heimgesucht. Hautkrankheiten und Unterleibsleiden sind dort weiter verbreitet und hartnäckiger als bei uns; dagegen vermissen wir fast ganz die zahlreichen Krankheiten der Atmungsorgane, welche in unseren Breiten zu einer erschreckenden Macht geworden sind; die Schwindsucht kommt fast gar nicht vor, und das Symptom des Hustens ist nur selten zu beobachten. Es ist also, wie aus alledem hervorgeht, unser Leben in der Tropenzone kaum mehr bedroht als im gemäßigten Klima.

Allerdings gilt dies nur unter gewissen Bedingungen. Wer von den Europäern mit irgend einem Leiden behaftet ist oder überhaupt einen schwächlichen Körperbau besitzt, darf kaum hoffen, mit Erfolg dem Tropenklima zu widerstehen; denn ein solcher Körper vermag den neuen Ansprüchen, welche das veränderte Klima an ihn erhebt, nicht für die Dauer zu genügen. Ebenso wenig ist eine Übersiedelung nach Afrika denen anzuraten, deren körperliche Entwicklung noch nicht abgeschlossen ist, also Personen im Alter von unter 21 Jahren, sowie denen, deren Organe nicht mehr fähig sind, sich den neuen klimatischen Verhältnissen anzupassen, also Personen im vorgerückten Alter. Zwischen dem 25. und 40. Lebensjahre sind die Aussichten, in der Tropenzone heimisch zu werden, am günstigsten. Je weiter zur Zeit der Auswanderung das Alter von diesen Grenzwerten entfernt liegt, desto größeren Gefahren setzt man sich aus. Ein Europäer, der den hier gestellten Anforderungen entspricht, der ferner regelmäßig lebt, eine gesunde Wohnung, sowie kräftige Kost hat, der sich vor groben Diätfehlern, vor Erkältungen und übermäßigen Anstrengungen sorgsam hütet, wird rüstig bleiben und die schlimmen Einflüsse eines bösen Klimas leicht überwinden. Allerdings muß er auf eine angemessene Lebensweise viel strenger halten, als dies bei uns üblich ist; denn jeder Verstoß gegen dieselbe rächt sich dort weit mehr als in nordischen Breiten. Wer etwa, wie dies leider viele Europäer in den afrikanischen Küstenorten zu thun pflegen, durch Branntwein und Bier, durch ein unregelmäßiges, zügelloses Leben über die Widerwärtigkeiten des Tropenklimas leicht hinwegzukommen glaubt, irrt sehr und darf sich nicht wundern, wenn „das mörderische Klima" ihn bald hinwegrafft. Es lassen sich genug Beispiele anführen, welche zeigen, daß man durch ein wohlgeordnetes Leben den Gefahren des Tropenklimas leicht ausweichen kann. So ist der Bischof von Gabun bereits seit 34 Jahren dort im Amte, und sein Vorgänger ist sogar 90 Jahre alt geworden. Zur Erreichung eines solch schönen Zieles gehört freilich das ruhige, leidenschaftslose Leben der Missionare; Kaufleute dürften nur selten so lange dem afrikanischen Boden treu bleiben.

Nach alledem erscheint es möglich, daß sich die Organe unseres Körpers den neuen Lebensbedingungen nach und nach völlig anpassen, daß sich dort nach Ablauf einer gewissen Zeit ihre Leistungen steigern oder verringern, je nachdem das dortige Klima höhere oder geringere Ansprüche macht. In der That findet eine gewisse Akklimatisation des Körpers statt. Die Haut z. B. ändert sich infolge des lebendigeren Stoffwechsels (s. S. 34) sehr

4

wesentlich, indem sich die Schweiß- und Talgdrüsen vergrößern und die Kapillaren sich erweitern; der Verdauungsapparat richtet sich auf die Verarbeitung anderer und reichlicherer Nährstoffe ein, wobei besonders an Milz und Leber erhöhte Anforderungen gestellt werden; die Zusammensetzung des Blutes erfährt bei dem vermehrten Stoffwechsel eine gewisse Umwandlung u. s. w. Dennoch ist eine völlige Gewöhnung an die schlimmen Eigenschaften des Klimas, wobei die Gesundheit und die Leistungsfähigkeit des Körpers erhalten bleiben, unmöglich; namentlich entzieht sich kein Mensch für die Dauer dem Fieber. Zwar neigt der eine mehr zu demselben als der andere; auch gelingt es dem einen durch genaue Beobachtung seines Körpers und eine diesem angepaßte, zweckmäßige Lebensweise dem Fieber öfter zu entgehen als dem anderen, und mit Rücksicht darauf darf man vielleicht auch hier von einer gewissen Akklimatisation sprechen. Doch bleibt niemand von den Fieberanfällen völlig verschont, und den Einflüssen derselben unterliegt der Körper um so mehr, je länger diese auf ihn einwirken. Es tritt schließlich eine auffallende Blutarmut ein, ein allgemeines Siechtum, wie es schon früher geschildert worden ist (vergl. S. 16). Wer körperlich und geistig auf diesem Wege völlig erschöpft ist, hat möglichst bald und für immer nach der gemäßigten Zone zurückzukehren.

Häufig ist für den in Afrika weilenden Europäer schon nach drei Jahren eine Erfrischung in dem gemäßigten Klima nötig, wenn er dienstfähig bleiben soll. In gerechter Würdigung dieser Thatsache lassen die europäischen Regierungen das Militär in den tropischen Kolonien jetzt öfter wechseln als früher und haben so eine bedeutende Abnahme der Sterblichkeit unter den Truppen erzielt. Demgemäß verpflichtet auch die Kongogesellschaft ihre Mitglieder nur auf drei Jahre und läßt sie nach Ablauf dieser Frist frei nach Europa zurückbefördern, damit sie sich hier wieder erholen. Freilich muß der Aufenthalt in Europa, wenn er von Nutzen sein soll, mindestens einen Zeitraum von sechs Monaten umfassen. Sucht der Betreffende hierauf das Tropenklima wieder auf, so erträgt er es meist viel besser als während seiner ersten Anwesenheit. Doch wird nach einer Reihe von Jahren immer wieder eine Rückkehr nach Europa notwendig.

Sollte es aber auch einigen besonders bevorzugten Personen möglich sein, ohne Beeinträchtigung ihrer Gesundheit ihr ganzes Leben in den Tropenländern zu verbringen, so müßten doch ihre Kinder, falls dieselben nicht körperlich und geistig verkümmern sollten, während ihrer Jugendzeit nach Europa zurückgehen. Sie würden in der Tropenzone die frische, rosige Gesichtsfarbe verlieren, welche den Kinderwangen in unseren Breiten eigen ist; sie würden blutarm werden und nur selten das 14. Lebensjahr überschreiten. Man sieht auch aus diesen Verhältnissen, daß keine völlige Akklimatisation des Europäers in der Tropenzone möglich ist; denn eine solche würde voraussetzen, daß die Nachkommen, die in der neuen, südlichen Heimat geboren und erzogen sind, weder körperlich noch geistig hinter ihren Vätern zurückbleiben. Schon längst haben die Engländer in Ostindien die hier berührte Schattenseite des Tropenklimas erkannt. Sie verpflanzen daher ihre Kinder bereits in zartem Alter auf europäischen Boden, wo sie ganz anders wachsen und gedeihen als in der Treibhausluft Ostindiens. Erst zur Zeit der körperlichen Reife kehren diese Personen, die mittlerweile Jünglinge und Jungfrauen geworden sind, wieder in ihre Tropenheimat zurück, die ersteren etwa im 20., die letzteren im 16. Lebensjahre. Wo derartige Maßnahmen in der Tropenzone nicht üblich sind, wie z. B. vielfach unter den Portugiesen in Goa, da ist schon nach wenigen Generationen kein lebenskräftiges Geschlecht mehr zu finden. Dasselbe verliert vor allem diejenigen Eigenschaften, durch welche sich der Europäer so vorteilhaft vor der einheimischen Bevölkerung der Tropenländer auszeichnet: reges Streben und frische Thatkraft.

III. Über die Lebensweise des Europäers in der Tropenzone.

In dem vorhergehenden Abschnitte wurden die Krankheiten besprochen, welche das Leben des Europäers in der Tropenzone gefährden, und zugleich die Mittel angeführt, durch welche dieselben überwunden werden. Nun ist es zwar wichtig, die Tropenkrankheiten heilen zu können; noch bedeutsamer aber erscheint es uns, denselben möglichst auszuweichen. Dies läßt sich nur durch eine Lebensweise erreichen, welche in jeder Beziehung dem dortigen Klima Rechnung trägt, also vor allem durch eine zweckmäßige Wohnung und Kleidung, sowie eine passende Nahrung und sonstige Pflege des Körpers.

Bei der Wahl des Wohnortes sind für den Kolonisten vielfach andere als gesundheitliche Rücksichten entscheidend, etwa die Beschaffenheit der natürlichen Verkehrswege, die Fruchtbarkeit der Gegend, politische Verhältnisse u. a Doch sollte man hierbei auch die gesundheitlichen Fragen mit Sorgfalt erwägen. Müssen doch gar häufig nicht bloß die Gründer einer Kolonie, sondern auch deren Nachfolger die in dieser Beziehung begangenen Fehler schwer büßen!

Schon oben (S. 7) wurde gezeigt, daß durch stehende Wasser, besonders Brackwasser, und durch faulende organische Reste in ihnen die Vermehrung der Miasmen sehr begünstigt und somit die Fiebergefahr außerordentlich erhöht wird. Es ist daher eine der ersten Forderungen der Tropenhygiene, die Wohnung oder den Lagerplatz nicht in einer sumpfigen Niederung oder in einem feuchten windstillen Thale zu errichten. Man sollte lieber auf die Bequemlichkeit, recht nahe am Wasser zu sein, verzichten, als sich der gefährlichen Sumpfluft aussetzen. Die Wohnungen sind also an höheren, trockenen Stellen anzulegen und zwar so, daß sie vor verderblichen, von Sümpfen kommenden Winden möglichst geschützt sind. Ob man dabei dem Gipfel oder dem Bergeshang den Vorzug zu geben hat, läßt sich nicht nach einer allgemeinen Regel entscheiden.

Zahlreiche Städte des tropischen Afrika besitzen nur deshalb so unglückliche Gesundheitsverhältnisse, weil sich große Sümpfe in ihrer Nachbarschaft befinden und Wasserlachen, namentlich in der Regenzeit, sich bis tief hinein in die Ortschaften erstrecken. Es gilt dies besonders von vielen Städten im Sudan, in Abessinien, Senegambien und an der Guineaküste. Werden jene stagnierenden Wasser gar noch die Begräbnisstätte für das verendete Vieh, der Ablagerungsplatz für allerlei Unrat, wie dies in Afrika gar häufig der Fall ist, so wird das Maß hygienischer Mißstände voll. Wenn dann die Lachen und Tümpel bei abnehmendem Regen zusammenschrumpfen, verschlechtert sich das Wasser immer mehr und verrät schon durch seinen dumpfen, widerwärtigen Geruch, daß es von faulenden Substanzen stark erfüllt ist. Solche Orte sind natürlich möglichst zu meiden.

Nirgends aber ist die Verpestung der Luft schlimmer als in der Nähe der dicht verschlungenen Mangrovewälder, welche gleich einem großen Naturzaun fast alle Küsten der feuchten Tropengebiete umsäumen. In dem Salzwassersumpfe, unter den dicht verwachsenen hohen Stelzenwurzeln verwesen nicht bloß massenhafte Blätter, sondern auch unzählige

4 *

Weichtiere, welche zur Ebbezeit, wenn sich das Meer von dem Gestade zurückgezogen hat, bloß liegen und nun unter der Glut der Tropensonne einen entsetzlichen Pesthauch entsenden. Das täglich zweimalige Zurücktreten des Meeres aus dem Mangrovewald (zur Ebbezeit) begünstigt demnach ganz wesentlich die Miasmenbildung.

Über den Aufenthalt in dem Mangrovegebüsch berichtet ein bekannter Afrikaforscher in der folgenden eindrucksvollen Weise: „Wer die Luft dieser Dickichte ohne Schaden stundenlang einzuatmen vermag, der kann sich als gefeit ansehen gegen die Angriffe des Fiebers. Stechend brennt die südliche Sonne durch die lichten Kronen herab; fühlbar wogt die fieberschwangere Luft hin und her; der süßlich-dumpfe, modrige Dunst drückt auf das Gehirn; bleiern liegt er auf den Augen, deren Lider zu schmerzen beginnen, und sehnsüchtig schaut man nach dem Auswege aus dieser wohl großartigen, aber verderbenhauchenden Wildnisöde"[1]). Es ist selbstverständlich, daß man sich den Mangrovewald nicht als Rastort und noch weniger zu einer Ansiedlung auswählt. Sollten es aber die Handelsinteressen erheischen, mit dem waldumrahmten Gestade in engster Fühlung zu bleiben, so empfiehlt sich die Herstellung eines Hulks: man richtet ein vor der Küste verankertes Schiff zur Wohnstätte ein und ist so nicht bloß vor den Giftkeimen der Mangrovesümpfe bewahrt, sondern erfreut sich auch in viel reicherem Maße, als dies sonst möglich wäre, des reinen, kühlen Seewindes.

Welch hohe Bedeutung aber der Wind, insbesondere der Seewind, für die Gesundheitsverhältnisse im Tropenklima hat, ist schon in einem früheren Abschnitte (S. 9) ausführlich dargelegt worden. Um die Vorteile zu genießen, welche kräftige Winde bieten, errichtet man seine Wohnung, sein Zeltlager lieber auf zugiger Hochebene als im engen Thale, in welches nur selten ein erfrischender Windstrom gelangt. Man hat aber — und zwar gleichfalls wegen der engen Beziehung zum Winde — bei der Wahl des Ansiedlungsortes noch einen Punkt zu beachten, der scheinbar nicht hierher gehört: die Waldbedeckung der betreffenden Gegend.

Wir Nordländer sind dem Wald mit außerordentlicher Liebe zugethan. Wir fühlen uns wohl, wenn wir, von Waldesduft und Waldesrauschen umfangen, zwischen den schönen, ehrwürdigen Gestalten unserer heimischen Laub- und Nadelbäume dahinwandeln, und kehren nach solcher Waldwanderung reich befriedigt und gestärkt zu unserer Arbeit zurück. Eine derartige Erquickung gewährt der tropische Urwald nicht. Durch sein dichtverwachsenes Laubdach dringen zwar die heftigen tropischen Regen ein, nicht aber Sonnenschein und Wind. Der Boden und die Luft des Waldes sind daher ganz mit Feuchtigkeit gesättigt; statt der erfrischenden Waldeskühle finden wir hier eine schwüle, dumpfe Luft, statt des Waldesduftes einen entsetzlichen Modergeruch. Kann sich doch die Luft, weil es hier an jedem Windhauch fehlt, nur selten erneuern! Der Tropenwald ist demnach ein sehr schlimmer Entwicklungsherd der Fiebermiasmen, und die unmittelbare Nachbarschaft desselben ist somit für die Gesundheitsverhältnisse einer Niederlassung stets schädlich, zumal er auch in seiner Umgebung die gleichmäßige Entfaltung des Windes stark beeinträchtigt. Obwohl das dichte Zweigwerk vieler Tropenbäume einen gewissen Schutz gegen den Regen bietet, hütet sich doch der Tropenwanderer, sein Zelt unter Bäumen aufzuschlagen, es sei denn, daß der Boden unter ihnen weder Feuchtigkeit, noch modernde Pflanzenreste aufweist.

1, Hermann Soyaux, Aus Westafrika. 1873 - 1876. Leipzig 1879. Teil I S. 72.

Doch zieht er stets, sobald er freie Wahl hat, das trockene, baumlose Land dem feuchten Walde, den glühenden Sonnenbrand der schwülen Waldluft vor.

Nicht allein der hohe Wald, sondern auch das üppige tropische Rohrdickicht, das auf seinem Grunde gleichfalls stark durchfeuchtet und vom Moder ergriffen ist, verschließt sich dem Winde und somit der Zerstreuung schlechter Dünste. Wie wir aus Livingstones Berichten erfahren, wird selbst der Wanderer, der möglichst schnell solche Landschaften durcheilt, oft vom Fieber heimgesucht, und die Handelszüge verlieren ihre meisten Träger in den Bambuswäldern[1]). Im Einklang hiermit erzählt Barth[2]), daß er sich viel wohler gefühlt habe, wenn er auf seiner Reise hoch zu Pferde saß. Befand er sich doch dann in größerer Entfernung vom Boden in einer Luft, die öfter bewegt und erneuert wurde, während der untere Teil des Rohrdickichts solcher Luftreinigung unzugänglich blieb. Es sind also auch die Rohrdickichte keine geeigneten Stätten für einen längeren oder kürzeren Aufenthalt.

Aus den bisherigen Erörterungen ergiebt sich von selbst, welche Vorkehrungen zu treffen sind, um den Gesundheitszustand an einem Orte der Tropenzone zu verbessern. Hier sind behufs umfangreicher Trockenlegungen Abzugskanäle herzustellen; dort sind Vertiefungen zuzuschütten, in denen sich gern stehende Wasser ansammeln, und anderwärts wieder sind Dammbauten an den Flüssen aufzuführen, damit nicht durch jede geringfügige Schwellung derselben eine Versumpfung der benachbarten Niederungen hervorgerufen wird. Nahe Wälder, insbesondere Mangrovendickichte, sind zu beseitigen, namentlich dann, wenn durch das Lichten des Waldes dem so überaus nützlichen Seewinde freier Zutritt verschafft wird. Überhaupt ist alle üppig wuchernde Vegetation in unmittelbarer Nähe auszurotten. Die Straßen der Orte sollen gerade und breit sein, damit der Wind kräftig durch sie hindurchstreichen kann. Auch sind sie zu pflastern und von allem Gras und Gebüsch zu säubern. Überall ist auf Ordnung und Reinlichkeit zu halten; es sollte also niemals gestattet werden, Schmutz und Unrat an öffentlichen Orten abzulagern oder gar die Tierkadaver in benachbarte Flüsse oder Teiche zu versenken. Leider bleiben alle diese Forderungen in den meisten Orten des tropischen Afrika unbeachtet, und welch schlimme Folgen selbst kleine derartige Vernachlässigungen nach sich ziehen können, soll hier nur durch ein Beispiel belegt werden. So brachen in der Nähe von Sennar am Blauen Nil wiederholt die heftigsten Fieberepidemien aus, weil die Eingebornen die Reste von Baumwollfrüchten und Melonenschalen in großen Mengen in die nahen Sümpfe ausgestreut hatten[3]). Reinlichkeit und Ordnung sind also vor allem die Mächte, welche im stande sind, die vielgefürchteten Fieberstätten der Tropenzone in gesunde, angenehme Wohnplätze zu verwandeln.

Vielfach lassen sich freilich die Grundsätze strengster Reinlichkeit erst nach Herstellung einer Wasserleitung und einer zweckmäßigen Kanalisation durchführen. Wieviel aber dann erreicht werden kann, das bezeugen am besten die indischen Großstädte. So war Calcutta einst in hohem Grade ungesund. Am Ende der Regenzeit (September) verließ in früheren Jahrzehnten dort niemand sein Haus ohne Not; die Promenade blieb in dieser Erntezeit des Todes völlig verödet, und man beglückwünschte sich gegenseitig, wenn dieselbe

---

1) G. A. Fischer, Mehr Licht im dunklen Weltteil. Hamburg 1885. S. 40. — 2) Reisen und Entdeckungen in Nord- und Centralafrika in den Jahren 1849—1855. Bd. II. Gotha 1857. S. 596. 3) Robert Hartmann, Reise des Freiherrn Adalbert von Barnim durch Nordost-Afrika in den Jahren 1859 und 1860. Berlin 1863. S. 36 f. des Anhangs.

ohne schwere Erkrankung vorübergegangen war. Seitdem aber Reinlichkeit und Ordnung dort mehr und mehr zur Geltung gekommen sind, haben sich auch die Gesundheitsverhältnisse zusehends gebessert und sind gegenwärtig recht befriedigend.

Vielleicht könnte man auch durch Anpflanzung des australischen Gummibaumes (Eucalyptus globulus Lab. und E. rostrata Schlecht.) den Gesundheitszustand in manchen Gegenden heben. Dieser Baum besitzt nämlich in hohem Grade die Fähigkeit, Wasser aus dem feuchten, modernden Boden aufzusaugen und wirkt so der Miasmenbildung außerordentlich entgegen. Die günstigen Resultate, welche man mit demselben in den Maremmen Italiens erzielt hat, sind neuerdings noch übertroffen worden durch die bedeutenden Erfolge bei Constantine in Algier; ist es doch dort in einem Zeitraume von fünf Jahren gelungen, einen der schlimmsten Teile des Landes europäischer Ansiedlung zugänglich zu machen! Auch in Ostindien hat sich der genannte Baum als Fiebertilger vorzüglich bewährt.

Natürlich wird es nicht ganz zu vermeiden sein, Niederlassungen auch an solchen Küstenstellen zu gründen, die trotz aller Vorkehrungen in hohem Grade ungesund bleiben. In diesem Falle begegnet man den klimatischen Widerwärtigkeiten am besten dadurch, daß man auf dem höheren, minder heißen und feuchten Binnenlande Gesundheitsstationen (Sanatorien) anlegt (wie etwa Buitenzorg für Batavia, Petropolis für Rio de Janeiro), nach denen man sich, wenn es das Wohl des Ansiedlers irgendwie erheischt, leicht und rasch zurückziehen kann. Vermag man auch in den meisten Teilen Afrikas dem Fiebergebiete auf diese Weise nicht völlig zu entfliehen, da die Küstengebirge nur selten von genügender Höhe sind[1]), so ist doch eine solche Übersiedelung von dem fieberreichen Gestade nach dem dahinter liegenden Hochlande in gesundheitlicher Hinsicht vielfach von außerordentlichem Werte. Zwar ist die Tageshitze dort fast dieselbe wie an der Küste; doch wirkt die größere Nachtkühle, sowie der verminderte Feuchtigkeitsgehalt der Luft erfrischend auf den menschlichen Körper ein, namentlich dann, wenn jene Station nicht im Thale, sondern auf waldloser Ebene oder auf freier Bergeshöhe sich befindet, wo die Winde sich gleichmäßig und kräftig entfalten und stagnierende Wasser sich schlechterdings nicht bilden können. Hier wird der Kranke aus der feuchten Küstenregion, falls sonst für seine Unterkunft und Verpflegung gut gesorgt ist, meist sehr rasch genesen.

Ist schon die Wahl eines passenden Wohnplatzes von großer Bedeutung, so ist doch die zweckmäßige Ausführung des Hausbaues mindestens ebenso wichtig. Dieser Bau kann sofort beginnen, nachdem die in unmittelbarer Nähe stehenden Bäume und das Schilfgras in weitem Kreise umher beseitigt worden sind und somit Sonnenstrahlen und Wind freien Zutritt zu dem Bauplatze erlangt haben. Vor einer starken Durchwühlung des Bodens hat man sich zu hüten; denn hierdurch würde man viele faulende Stoffe an die Oberfläche bringen und so das Haus von vornherein zu einem schlimmen Fieberherde machen.

Da die stete Lufterneuerung in dem Tropenhause von ganz hervorragender Wichtigkeit ist, so zieht J. Falkenstein[2]) Wände aus Palmblattrippen oder Papyrusschäften der undurchlässigen Wandfügung aus Brettern bei weitem vor. Wird indes mit Rücksicht auf die größere

---

1) Die Fiebergrenze dürfte im mittleren Afrika etwa in einer Meereshöhe von 2000 m liegen; also giebt es hier außer dem Hochlande von Senegambien, dem Kamerungebirge, dem Hinterlande von Sansibar und dem abessinischen Hochlande wohl kaum noch größere fieberfreie Gebiete. — 2) Die Loango-Expedition. Leipzig 1879. Abt. II S. 114.

Dauerhaftigkeit doch ein Holzbau vorgenommen, so dürfte es sich nach Buchne.) empfehlen, denselben auf hohen Backsteinpfeilern zu errichten[2]). Dieselben werden dann durch Gitterwände und Gitterthüren unter einander verbunden und bilden so ein in mehrere Räume geteiltes, luftiges Erdgeschoß; diese Räume können zu Wohnungen für bedienstete Neger oder zur Aufspeicherung von Vorräten benutzt werden. Das Dach wird am besten aus Asphaltpappe gefertigt. Dasselbe soll weit hervorspringen, damit die Wände gut gegen Feuchtigkeit geschützt sind. Buchner[3]) warnt vor den neuerdings so beliebt gewordenen Wellblechhäusern. Sie bieten allerdings mannigfache Vorteile: sie sind sehr haltbar, lassen sich leicht aufstellen und erweisen sich als Niederlagen durchaus zweckmäßig. Aber sie bilden recht unangenehme Wohnungen, weil sie sich bei Sonnenschein sehr schnell erhitzen, überhaupt Wärme und Kälte zu rasch leiten und den Luftwechsel außerordentlich erschweren.

In der Höhe des ersten Stockwerkes ist eine breite Veranda um das ganze Haus zu führen. Die Fenster, welche in keinem Falle einem benachbarten Fieberherd zugewandt sein dürfen, sind so anzubringen, daß sich durch das Öffnen derselben leicht ein kräftiger Luftzug erzielen läßt[4]). Namentlich gilt diese Forderung für das Schlafzimmer, auf dessen Wahl und Einrichtung besondere Sorgfalt zu verwenden ist. Verbringen wir doch in ihm nicht weniger als den dritten Teil unseres Lebens! Es darf vor allem nicht nach der Regenseite hin liegen, weil sich an das Vorhandensein starker Zimmerfeuchtigkeit und dumpfer Luft gewöhnlich die Entwicklung der Miasmen knüpft. Auch hat man dasselbe mit möglichst wenigen Wirtschaftsgegenständen auszustatten und es weder zum Waschen, noch zur Aufbewahrung der schmutzigen Wäsche zu benutzen. Das Lager selbst ist so herzurichten, daß die Luft unter demselben hindurchstreichen kann; man sollte also, wenn irgend möglich, nicht auf ebener Erde schlafen, sondern eine Bettstelle gebrauchen. Für die Unterlage und Decke sind recht durchlässige, wenig hitzende Stoffe auszuwählen. Sehr zweckmäßig erweist sich als Unterlage ein Rohrgeflecht, das mit einem leinenen Tuche überzogen ist. Falls man weicher gebettet sein will, bedient man sich einer dünnen Roßhaarmatratze, welche auf einigen quer über das Bett gespannten Gurten ruht. Zur Umhüllung verwendet man leichte wollene Decken. In zahlreichen Orten ist ein gut schließendes Moskitonetz (vergl. S. 23) während der Regenzeit nicht zu entbehren.

Nirgends auf Erden ist die Reinlichkeit im Hause mehr geboten als in der Tropenzone, und sie sollte nicht bloß in Wohn- und Schlafräumen auf das strengste geübt werden, sondern auch in Küche und Kloset. Letzteres ist womöglich in eine besondere Hütte zu verlegen, die mit dem Hauptgebäude durch einen verdeckten Gang verbunden ist. Dasselbe ist im Abfuhrsystem einzurichten und muß in jeder Nacht gereinigt werden[5]).

Gar viele Europäer, die in Afrika weilen, müssen zeitweilig das feste Gebäude mit dem Zelte vertauschen; es ist darum nötig, auch über diese Wohnung einiges mitzuteilen.

Damit das Zelt selbst bei schlechtem Wetter eine leidliche Unterkunft bietet, ist dasselbe mit zwei Dächern zu versehen, deren oberstes aus einem regendichten Stoff gefertigt

---

1) Deutsche Kolonialzeitung. Jahrgang III 1886) S. 561. — 2) Schon H. Barth (Reisen und Entdeckungen in Nord- und Centralafrika in den Jahren 1849—1855. Bd. II. Gotha 1857. S 596) war für einen ähnlichen Bau. — 3) a. a. O. S. 561. — 4) Auch Doppelfenster sind hie und da in Afrika in Gebrauch, z. B. in Senegambien. Natürlich sollen sie hier nicht gegen die Winterkälte schützen, sondern gegen die entsetzlich heißen Glutwinde, welche daselbst im Frühling aus Nordost und Ost wehen vergl. Julius Hann, Handbuch der Klimatologie. Stuttgart 1883. S. 251) — 5 Buchner, a. a. O. S. 561.

32

ist und weit über die Zeltwände vorspringt. Da man nach den oben gemachten Ausführungen das Zelt lieber auf dem trockenen Boden des freien Feldes als im feuchten, dumpfen Walde aufschlägt, so entsteht allerdings in dem Zelt eine unerträgliche Hitze (oft von 50°C.), wenn die Sonne den ganzen Tag ihre versengende Glut auf dasselbe herabsendet. Es ist dann im Zelte nicht auszuhalten; man thut darum wohl, sich von den Negern eine mit Gras oder Blattwerk überkleidete Laube herstellen zu lassen, in der man ohne große Beschwerden die Tagesstunden (von 9 bis 4 Uhr) verbringen kann[1]).

Ist das Erdreich vollkommen trocken, so hat man keine nachteiligen Folgen zu befürchten, wenn man unmittelbar auf dem Zeltboden schläft. Da aber der letztere selten dieser Bedingung entspricht und die Berührung mit der kalten, feuchten Erde beim Nachtschlafe nicht ohne Gefahr ist, so hat man Grund genug, in Ermangelung eines Bettes sich ein Lager aus frischem Laube aufschütten zu lassen und über dasselbe eine geflochtene Matte auszubreiten. Natürlich muß man sorgsam darüber wachen, daß keinerlei verfaulte Pflanzenreste dabei mit verwandt werden[2]). Immerhin erscheint unter diesen Umständen der stete Gebrauch einer Bettstelle sehr wünschenswert, und wir möchten daher dem Ausspruch eines der bedeutendsten Afrikareisenden der Gegenwart beipflichten, der sich hierüber in folgender Weise äußert: „Wer auf der Erde schläft, darf sich nicht wundern, vom Fieber befallen zu werden. Bettstellen sind in Afrika doch in zehn Minuten zu beschaffen, und auch Matratzen lassen sich einrollen und mitnehmen. Mein Ruhm ist, in Centralafrika nie ohne eine auf ein Gestell gelegte Matratze geschlafen zu haben"[3]).

Wie die Einrichtungen des Hauses, in dessen Mauern wir leben, so trägt auch die Kleidung, in der wir uns bewegen, wesentlich zu unserm Wohlbefinden bei und verdient daher Beachtung.

Es ist ohne weiteres klar, daß der Europäer niemals so entblößt gehen kann wie der Neger; die zarte, nervenreichere Haut des Nordländers verlangt unbedingt einen Schutz gegen die direkten Sonnenstrahlen, sowie gegen die beträchtlichen Wärmeschwankungen, die in der heißfeuchten Tropenluft ganz besonders empfunden werden (vergl. S. 4f.). Doch darf durch die schützende Hülle, welche unmittelbar auf die Haut zu liegen kommt, die Ausdünstung an der Hautoberfläche nicht wesentlich beeinträchtigt werden, da sonst das körperliche Wohl sehr darunter leiden würde. Es ist daher für das Tropenkleid ein poröses, durchlässiges Gewebe erforderlich.

Aus welchem Stoffe soll nun dasselbe bestehen? Hier begegnen wir demselben Streite, der auch hinsichtlich unserer Kleidung im gemäßigten Klima so lebhaft geführt wird, dem Streite darüber, ob der Baumwolle oder der Tierwolle der Vorzug zu geben sei. Wir halten eine vermittelnde Stellung für das richtige und möchten weder den einen, noch den anderen Stoff ausschließlich empfehlen; denn es besitzt jeder mannigfache Vorzüge. J. Falkenstein[4]), welcher am eifrigsten für die Baumwollkleidung eintritt, hebt folgendes zu deren Gunsten hervor: Die Baumwolle in Form loser, maschiger Unterjacken gewährt auch durchnäßt noch Raum für die durchdringende Luft und verliert die Feuchtigkeit, mit

1) G. A. Fischer, Mehr Licht im dunklen Weltteil. Hamburg 1885. S. 44. — 2) J. Falkenstein: Die Loango-Expedition. Leipzig 1879. Abt. II S. 111f. — 3) G. Schweinfurth nach Hugo Zöller, Die deutsche Kolonie Kamerun. Berlin und Stuttgart 1885. Teil I S. X — 4) Die Loango-Expedition. Leipzig 1879. Abt. II S. 103.

der sie erfüllt ist, langsam und gleichmäßig; sie ist leicht, reizt die Haut nicht und kann mühelos gereinigt werden, ohne daß ihr Gefüge sich ändert. Die Wolle hingegen, namentlich Flanell, saugt sich derart voll, daß ihre Poren sich ganz verstopfen. Da sie nur selten gewaschen werden soll, so hindert sie in diesem Zustande die Ausstrahlung der Körperwärme und wirkt demnach sehr erhitzend. Auch wird sie durch die reichlich aufgenommene Feuchtigkeit schwer und reizt leicht die Haut, namentlich wenn die Wolle durch die Aufnahme von Salzen aus dem Körper steif geworden ist. Wer längere Zeit Wolle direkt auf dem Körper getragen hat, ohne daß er in ihr zu einem Gefühl des Behagens hat kommen können, ist nach den Erfahrungen Falkensteins wie neugeboren, wenn er sie zuletzt mit der Baumwolle vertauschen kann.

Andere Ärzte, die gleichfalls längere Zeit in der Tropenzone gelebt haben und sich demnach auch auf eigene Beobachtung stützen können, sind entschieden für wollene Kleidung. G. A. Fischer[1]) z. B. ist unter den Tropen von Baumwolle zu Wolle übergegangen, hat sich dabei wohler befunden und ist weniger Erkältungen ausgesetzt gewesen. Als Vorzüge der Wolle hebt er besonders hervor, daß sie unter gleichen Verhältnissen stets trockener bleibt als die Baumwolle und nie den widerwärtigen Geruch entwickelt, welchen die Baumwolle bei starkem Schweiße der betreffenden Person sehr bald annimmt. Allerdings muß zugegeben werden, daß bei jedem, der an baumwollene Kleidung gewöhnt ist, durch die Wolle im Anfang eine unangenehme Reizung der Haut hervorgerufen wird. Es ist dies um so mehr zu berücksichtigen, als der Europäer in der Tropenzone ohnedies sehr von Hautkrankheiten bedroht ist (vergl. S. 21 ff.); vielfach verschlimmern sich dieselben durch die Wollkleidung und sind dann fast niemals zu beseitigen, so lange nicht an die Stelle der Wolle die Baumwolle tritt. Es ist also jedem Europäer, der die Tropen aufsucht, zu raten, sich mit beiden Stoffen auszurüsten und je nach der Jahreszeit und sonstigen Umständen den einen oder den anderen zu benutzen. Auf Grund der Erfahrungen, die man an seinem eigenen Körper macht, wird man gar bald mit dem richtigen Gebrauch der beiden Stoffe vertraut sein.

Der Grundsatz, möglichst poröse, durchlässige Stoffe zur Kleidung zu verwenden, gilt nicht bloß für den Körper im allgemeinen, sondern speciell auch für das Haupt. Daher hat ein Filzhut, welchem wohl gar noch ein roter Fez als Unterlage dient, keinerlei Berechtigung. Zwar bietet diese Kopfbedeckung, welche früher vielfach unter den Tropen getragen wurde[2]), dem rastenden Wanderer die Möglichkeit, den Hut abzunehmen ohne den Kopf zu entblößen, etwa wenn er im Schatten eines großen Baumes ausruht; aber eine so dichte Kopfbekleidung kann doch auch sehr leicht Blutandrang nach dem Kopfe erzeugen und somit sehr bedenkliche Folgen haben.

Die einfachste und zweckmäßigste Kopfbedeckung, die sich schon gegenwärtig in vielen Tropenländern eingebürgert hat, ist ein leichter, mit grauem Tuch überzogener Korkhut von der Form eines Helmes. Hinten ist der Rand des Hutes so breit, daß auch der Nacken, ein gegen die Sonnenstrahlen besonders empfindsamer Körperteil, vollständig geschützt ist. Will man die Wirkungen der Sonne wesentlich abschwächen, so legt man Stücke eines Bananenblattes oder ein Futter aus frischgepflücktem Gras in die weite Wölbung

---

1) Mehr Licht im dunklen Weltteil. Hamburg 1885. S. 35. — 2) Georg Schweinfurth, Im Herzen von Afrika. Leipzig und London 1874. Bd. I S. 463.

des Hutes. Statt des Korkhelmes kann man natürlich auch einen Strohhut gebrauchen oder einen Hut, dessen Geflecht an Ort und Stelle von den Negern etwa aus feinen, gebleichten Blattstreifen der Fächerpalme bereitet wird. Der Sonnenschirm findet zum Schutze des Hauptes nebenbei noch immer vielfach Verwendung; doch sollten alle, die nach längerer Anwesenheit in der Tropenzone sich an die südländische Sonnenglut mehr und mehr gewöhnt haben, füglich auf denselben verzichten.

Die Fußbekleidung hat in erster Linie gegen die Rauheiten des Weges, gegen dorniges Gestrüpp und stechende Gräser, sowie gegen Staub und Insekten zu schützen und zur Fernhaltung der Bodenfeuchtigkeit zu dienen. Sie muß also aus sehr dichten, dauerhaften Stoffen gefertigt werden, wobei auf die Leichtigkeit des Luftzutritts nur wenig Rücksicht genommen werden kann. Allerlei gewebte Zeuge sind dabei auszuschließen; am zweckmäßigsten erweisen sich Halbstiefel aus kräftigem Leder. Dieselben können auch zum Schnüren eingerichtet werden; doch sind dann in jedem Falle die so beliebten Haken zu vermeiden, weil man Gefahr läuft, mit denselben beim Durchschreiten des tropischen Dickichts gar häufig hängen zu bleiben.

Wie sich Wohnung und Kleidung in der Tropenzone den veränderten Lebensbedingungen des Europäers anzupassen haben, so gilt dies auch bezüglich der Nahrung.

Wir haben hier zunächst einen weit verbreiteten Irrtum zu widerlegen. Man begegnet nämlich sehr häufig der Anschauung, daß in der Tropenzone der menschliche Körper, weil er weniger Wärme ausgebe, auch weniger Nahrungsmittel brauche als im gemäßigten Klima, daß infolge der Einwirkung der Tropenhitze der Magen erschlaffe und kein rechter Appetit aufkomme. Dieser Anschauung liegt offenbar die Thatsache zu Grunde, daß wir an recht heißen Sommertagen ähnliche Erfahrungen an uns selbst machen. Und doch können wir überall in den Mitteilungen der Afrikareisenden lesen, daß der Stoffwechsel in den Tropen ein sehr lebendiger, die Hautthätigkeit eine gesteigerte und der Appetit meist ein außerordentlich reger sei, wie denn auch bei den Eingebornen der Verdauungsprozeß in recht kräftiger Weise sich vollzieht. Es ist dies leicht zu begreifen, wenn man bedenkt, daß die Wärmeausgabe des menschlichen Körpers nicht bloß durch Strahlung und Leitung erfolgt, sondern auch durch die auf der Hautoberfläche stattfindende Verdunstung. Da jedes Gramm Wasser 600 Wärmeeinheiten erfordert, um aus dem flüssigen in den gasförmigen Zustand überzugehen, so erleidet der Körper bei der starken Schweißentwicklung in den Tropen einen ungeheuren Wärmeverlust, der vielleicht ebenso groß ist wie derjenige eines Bewohners der Polarzone durch Strahlung und Leitung. Würden wir unsere dichte Kleidung an heißen Sommertagen mit dem leichten Gewand der Tropenbewohner vertauschen und eine gleich große Wassermenge an der Hautoberfläche in Dampfform umsetzen können, so würde gewiß unser Appetit auch bei heißer Witterung nicht erschlaffen.

Es ergiebt sich hieraus für den Europäer, der in den Tropen weilt, die wichtige Regel: Genieße eine reichliche und gute Nahrung; denn eine kräftige, wohlschmeckende Kost wird den Körper wesentlich stählen und widerstandsfähig machen gegen die schlimmen klimatischen Einflüsse. Damit soll natürlich der Unmäßigkeit durchaus nicht das Wort geredet werden; diese würde sich im Gegenteil in jenem Klima noch weit mehr rächen als bei uns. Um den Appetit immer rege zu erhalten, ist auf geeignete Auswahl und angenehmen Wechsel der Speisen ebenso sehr zu achten wie auf Darbietung guter, frischer Nährmittel. Man arbeitet dem Fieber hierdurch vielleicht ebenso wirksam entgegen wie durch Chinin. Leider ist gutes Fleisch, das dem Europäer dort gerade so zuträglich, ja nötig ist wie in seiner Heimat, nicht immer leicht und in reicher Abwechslung zu haben. Am Kongo z. B. ist man im wesentlichen auf das Fleisch des Huhns, der Ziege und des Schafes angewiesen, und niemals ist das Fleisch dieser Tiere von gleicher Güte wie in Europa. Rindfleisch ist selbst an der Küste nur selten zu erlangen; da dasselbe schon nach 24 Stunden in Fäulnis übergeht, so bekommt man dasselbe nur da, wo sich zahlreiche Faktoristen zu raschem Verbrauch des geschlachteten Rindes vereinigen. Auch die Fleischkonserven gewähren keinen genügenden Ersatz für den dort herrschenden Fleischmangel. Sie sind meist schwer verdaulich und lassen bis auf Zunge und Schinken an Wohlgeschmack viel zu wünschen übrig. „Während man in Europa leicht geneigt ist zu glauben, daß die Kunst, allerhand Lebensmitteln eine dauerhafte Form zu geben, geradezu Unübertreffliches leiste, gelangt man in Westafrika zu der Ansicht, daß sich die Fabrikation von Konserven doch noch in der Kindheit befinde[1]." Weit besser sind die Gemüsekonserven aus Europa; doch haben dieselben keine so große Bedeutung, da nicht wenige europäische Gemüse auch im afrikanischen Klima gedeihen oder durch tropische Früchte und Gemüse ersetzt werden können.

Wo die Natur so zahlreiche Gewürze liefert wie im tropischen Afrika, da liegt es nahe, die Speisen stark zu würzen, und der Magen dürfte kaum jemals eine derartige Anregung verschmähen. Doch ist vor allzu reichlicher Verwendung der Gewürze zu warnen, damit nicht statt der erwünschten Anregung des Magens eine Überreizung und somit eine Erschlaffung desselben eintrete. Eines ebenso schweren Eingriffs in die Thätigkeit des Magens würde man sich schuldig machen, wenn man es wagen wollte, von der europäischen Nahrung ohne weiteres zu den schwer verdaulichen Negerspeisen, wie Maniok, Palmöl u. s. w., überzugehen[2]. Erstrebt man eine solche Gewöhnung an die Negernahrung, was jedoch keineswegs zu empfehlen ist, so sollte man dies nicht mit einem Male zu erzwingen suchen, sondern sich ganz allmählich mit der Negernahrung befreunden.

Was den Genuß der tropischen Früchte betrifft, so gelangt man neuerdings immer mehr zu der Überzeugung, daß derselbe durchaus nicht verwerflich sei. Es mögen sich wohl einzelne Personen durch unmäßiges Obstessen Krankheiten zugezogen haben; damit aber läßt sich doch nicht die Schädlichkeit des Obstessens überhaupt erweisen. Im Gegenteil halten wir die tropischen Früchte wegen ihrer Säuren für überaus nützliche Nahrungsmittel, und sie sind es besonders dann, wenn sie gekocht genossen werden. Dies gilt vor allem von der unreifen Mangofrucht, deren Fleisch, mit starkem Zuckerzusatz gekocht, ein angenehm säuerlich schmeckendes Gericht von der Art unseres Apfelmuses liefert[3]. Auch die Bananen, Ananas und Orangen, sowie die Früchte des Melonenbaumes (Carica) werden von vielen Europäern gern und ohne Schaden verzehrt.

Unter den Getränken ist das Wasser von höchster Bedeutung, zumal es dort in weit größerer Menge dem menschlichen Körper zugeführt werden muß als bei uns. Wenn

---

1) Hugo Zöller, Die deutsche Kolonie Kamerun. Berlin und Stuttgart 1885. Teil II S. 162. Vergl. auch H. Nipperdey in der Deutschen Kolonialzeitung. Jahrgang III (1886) S. 573. Henry M. Stanley, The Congo and the founding of its free state. London 1885. Vol. II p. 322sq. — 2) Henry M. Stanley, a. a. O. Vol. I p. 198sq. — 3) Der Mangobaum würde sich aus mannigfachen Gründen sehr gut eignen zur Einfassung der Landstraßen, die in Zukunft in Afrika angelegt werden.

3*

auch die Besorgnis, schlechtes Trinkwasser zu bekommen, in der Tropenzone weit größer ist, als es die thatsächlichen Verhältnisse verdienen, so ist doch immerhin Vorsicht bei der Benutzung desselben geboten. Fließendes Wasser ist fast unter allen Umständen gut und bedarf nur dann einer Filtration, wenn es stark getrübt ist. Dagegen liefern die Brunnen der Städte vielfach schlechtes Wasser, da die Grundwasser daselbst eine Menge schädlicher Stoffe aufnehmen. Das Schlimmste hat man von dem stagnierenden Wasser der Tümpel und Teiche zu fürchten, die dort so häufig von den Menschen zur Grabstätte größerer Kadaver ausersehen werden und in denen sich nun unter der Einwirkung der Sonnenstrahlen unglaublich schnell Unmengen von niederen Organismen entwickeln. Zu dem Gebrauch solchen Wassers sollte man sich nur im äußersten Notfalle entschließen und sich dann niemals der kleinen Mühe der Filtration entziehen. Sicherlich ist der Genuß solchen Wassers vielfach die Ursache von Krankheiten, wenn auch weniger des Fiebers, dessen Giftkeime sich hauptsächlich durch die Luft verbreiten, wohl aber des Darmkatarrhs und der Ruhr. Große Unsauberkeit, schlechtes Trinkwasser und bedeutende Sterblichkeit an den letztgenannten Krankheiten finden sich so vielfach vereint an demselben Orte, daß der ursächliche Zusammenhang dieser drei Thatsachen wohl über jeden Zweifel erhaben ist.

Vor alkoholischen Getränken, besonders vor Wein und Cognac, wird von einzelnen Reisenden und Kolonisten ernstlich gewarnt. Stanley verlangt, daß man wenigstens während der Tageszeit solche Getränke streng meidet, empfiehlt sie aber für das Abendbrot[1]. Thatsache ist es, daß jede Ausschreitung beim Genuß dieser Getränke sich schwer an dem Körper rächt, indem auf eine derartige Schwächung gewöhnlich ein mehr oder minder schwerer Fieberanfall folgt. Die hohen Sterblichkeitsziffern mancher europäischen Niederlassung haben ihren Grund nicht in dem mörderischen Klima, sondern in dem dort herrschenden Laster der Trunksucht[2]. Indes sollte man mit dem Mißbrauch der Spirituosen nicht auch den zweckmäßigen Gebrauch derselben verurteilen. Ein Glas Wein ist in den Tropen für die Erhaltung und Stärkung der Kräfte ebenso förderlich wie bei uns; es hat schon manchem über die schlimmsten Schwächezustände hinweggeholfen. Sehr gern setzt man Spirituosen dem faden tropischen Trinkwasser zu, um dieses etwas schmackhafter zu machen; auch wirkt ein Schluck Cognac nach einer Durchnässung oder in kühlen Nächten sehr wohlthätig. Er regt vielfach zugleich das geistige Leben wieder an, dessen frischer Pulsschlag nur allzu leicht unter der Glut der Tropensonne ermattet. Natürlich befürworten wir nur die weise, eingeschränkte Verwendung des Alkohols. Da in der Tropenzone der erschlaffte Körper sehr häufig nach Reizmitteln verlangt, so liegt allerdings die Gefahr nahe, die richtige Grenze zu überschreiten. Davor hat man sich streng zu hüten, weil die Folgen hiervon dort viel trauriger sein würden als bei uns. — Das Getränk des Negers, der Palmwein, ist in frischem Zustande von angenehmem, säuerlichem Geschmack; er entwickelt sehr viel Kohlensäure und kann mit Nutzen genossen werden; dagegen ist der in alkoholische Gärung übergegangene Palmwein durchaus schädlich. Er

1) Henry M. Stanley, The Congo and the founding of its free state. London 1885. Vol. I p. 65sq. Vol. II p. 254sq. 295. — 2) Vergl. z. B. Emily Ruete, geb. Prinzessin von Oman und Sansibar, in der Deutschen Kolonialzeitung. Jahrgang III (1886) S 579. Gerhard Rohlfs, Beiträge zur Entdeckung und Erforschung Afrikas. Leipzig 1876. S. 52. J. Falkenstein: Die Loango-Expedition. Leipzig 1879. Abt. II S. 109. Henry M. Stanley, a. a. O. Vol. II p. 251. 307sq.

ist in seinen Wirkungen schlimmer als der gemeinste europäische Branntwein, und wer sich mit ihm befreundet, hat von seinem Leben nicht mehr viel zu hoffen.

Alle Sorgfalt, welche der Europäer in der Tropenzone seiner Wohnung, Kleidung und Nahrung widmet, würde jedoch nicht viel helfen, wenn er nicht noch eine Anzahl wichtiger Lebensregeln beobachtete, die sich auf die sonstige Pflege des Körpers beziehen.

Wie in der Tropenzone Tag und Nacht in größerer Gleichmäßigkeit einander ablösen als bei uns, indem auf den zwölfstündigen Tag eine zwölfstündige Nacht folgt, so soll auch das Arbeiten und Ruhen dort in viel strengerer Ordnung sich bewegen als bei uns und sich möglichst nach dem Auf- und Niedergang des Tagesgestirns richten. Unser Klima mit seinen wechselnden Tageslängen verleitet uns leicht zu der Anschauung, daß der civilisierte Mensch in der Benutzung der Tages- und Nachtzeit ganz nach Belieben schalten und walten könne, und so wird vielfach der Tag zur Ruhe, die Nacht aber zur Arbeit verwandt. In der Tropenzone liegt die Versuchung noch viel näher, die wonnig schönen Nächte wachend zu verbringen, womöglich gar mit überflüssigen Vergnügungen, und des Tages der Ruhe zu pflegen. Jedem, der sich so von den klaren Vorschriften der Natur lossagt, muß dies zum Verderben gereichen. Ganz abgesehen davon, daß die meisten Arbeiten wegen des erforderlichen Lichtes nur am Tage vollzogen werden können und Dunkelheit und Kühle die besten Vorbedingungen für einen gesunden Schlaf schaffen, ist insbesondere noch zu bedenken, daß der Nachmittagsschlaf in der Tropenzone nach den bisherigen Erfahrungen durchaus verwerflich ist[1]). Er bewirkt keine Stärkung des Menschen, sondern macht ihn mißmutig und läßt das Gefühl bleierner Schwere in den Gliedern zurück. Dauert er länger, so ist er von noch unangenehmeren Folgen begleitet: man kann sich nur mit größter Anstrengung von dem Lager erheben; eine gewisse Blutüberfüllung des Gehirns führt eine wahre Schlafsucht herbei, welche auch äußerlich durch das rote, gedunsene Gesicht klar zum Ausdruck kommt. Es ist demnach eines jeden Pflicht, die etwa in den Mittagsstunden eintretende Mattigkeit mit Energie zu überwinden; diese Selbstbeherrschung wird wesentlich dazu beitragen, den Körper frisch und elastisch zu erhalten.

Aus alledem ergiebt sich, daß man in der Tropenzone mit Tagesanbruch, also früh 6 Uhr, sein Werk beginnen und mit sinkender Sonne. dasselbe beenden soll. Man thut wohl, bereits gegen 9 Uhr abends zu Bette zu gehen, nachdem man mit Sorgfalt allem vorgebeugt hat, was eine Störung des Nachtschlafs veranlassen könnte. Ist es doch kaum möglich, die Bedeutung desselben zu überschätzen! Wer die Nacht schlecht schläft, hat bei Tage häufig das Gefühl des Unwohlseins oder erklärt wohl gar, daß er das Fieber habe. In der That erinnert die Aufregung nach einer wider Willen durchwachten Nacht lebhaft an die ersten Anfänge des Fiebers. — Wer im Tropengebiete wandert, sollte sich davor hüten, die Nächte ohne Obdach im Freien zu verbringen. Die dumpfe, drückend heiße Luft in den Hütten der Eingebornen ist allerdings dem nächtlichen Schlummer auch wenig günstig; aber die verführerische Nachtkühle im Freien, die vielfach einen starken Taufall hervorruft, ist zweifellos noch viel schädlicher für die Gesundheit und bewirkt nicht selten den Ausbruch eines Fiebers.

---

1) J. Falkenstein: Die Loango-Expedition. Leipzig 1879. Abt. II S. 111.

Durchnässungen, welche sich der Tropenreisende nicht bloß bei Regenwetter, sondern auch beim Übergang über die Flüsse bisweilen zuzieht, sind möglichst zu vermeiden; denn ihnen folgen häufig Erkältungen, Rheumatismus und Fieber auf dem Fuße. Besonders gilt es an manchen Küsten für sehr gefährlich (etwa beim Umschlagen eines Bootes), mit den Wogen des Meeres in unfreiwillige Berührung zu kommen; an den Küsten von Benguela und Togoland z. B. ist dies sehr gefürchtet, weil darnach mit ziemlicher Sicherheit ein Fieber zu erwarten ist[1]).

Eine ganz andere Bedeutung als diese unliebsamen Durchnässungen haben natürlich die Waschungen und Bäder. Sie sind unter den Tropen weit notwendiger als in anderen Klimaten, da durch die starken Ausscheidungen der kleinen Drüsen soviel Stoffe auf der Hautoberfläche abgelagert werden, daß die Gesundheit darunter leiden würde, wenn man sie nicht entfernte. Mindestens sollte man ein Bad an jedem Tage nehmen, womöglich vor dem Frühstück; vorteilhaft wäre es, noch ein zweites vor dem Abendbrot hinzuzufügen. Kalte Bäder, die jedoch nur der völlig Gesunde brauchen darf, haben vor den warmen den Vorzug, daß sie die Hautthätigkeit mehr anregen. Sobald jedoch irgend welche Unpäßlichkeiten eintreten, die als Vorboten des Fiebers angesehen werden dürfen, sind die Bäder sofort einzustellen, da sie sonst leicht den Ausbruch des Fiebers beschleunigen könnten. Auch gewisse Hautkrankheiten, wie der Rote Hund (vergl. S. 21f.), werden durch Waschungen und Bäder eher verschlimmert als gehoben. Da die Haut unter den Tropen viel reizbarer ist als bei uns, so sollte man sich vor allen Bädern mit scharfen Zusätzen, also auch vor Seebädern, hüten. Einzelne kräftige Personen mögen dieselben wohl ohne Schaden vertragen; aber die Mehrzahl würde eine derartige Erfrischung mit schmerzlichen Hautaffektionen büßen müssen.

Außer den Bädern ist die körperliche Bewegung — bestehe sie nun in Gehen, Turnen, Reiten oder Schwimmen — für das leibliche Wohlbefinden von großer Wichtigkeit. Die regelmäßige Muskelanstrengung, welche mit einem kräftigen Schweiß und überhaupt mit kräftigem Stoffwechsel verbunden ist, fördert die Gesundheit und zwar selbst dann, wenn der Körper bei großer Hitze keinerlei Neigung zu irgend welchen Kraftleistungen verspüren sollte.

Damit ist jedoch nicht gesagt, daß ein Europäer im tropischen Afrika sich ähnlichen körperlichen Strapazen unterziehen könne wie bei uns. Vielleicht ist dies in dem kühleren Klima einiger hochgelegenen, räumlich aber außerordentlich beschränkten Gebiete möglich. Im großen und ganzen aber gilt für das tropische Afrika der Satz, daß der Europäer, selbst der aus dem südlichen Europa stammende, dort niemals als Feldarbeiter verwandt werden kann; es ist daher eine Massenauswanderung von Europäern nach dem tropischen Afrika ganz undenkbar. Für eine kurze Zeit möchte es dem europäischen Landmanne wohl gelingen, in tropischer Sonnenglut das Feld zu bestellen; aber gar bald würden sich schlimme Folgen hieraus ergeben. In dem heißen Klima werden, wie bei uns im Sommer, an die Herzthätigkeit höhere Ansprüche erhoben. Der Europäer, welcher dort angestrengte körperliche Arbeit zu verrichten hat, wird bald kurzatmig; seine Schlagadern klopfen heftig, und er erkrankt an Herzvergrößerung.

---

1) G. Tams, Die portugiesischen Besitzungen in Südwestafrika. Hamburg 1845. S. 44. 77. Hugo Zöller, Das Togoland und die Sklavenküste. Berlin und Stuttgart 1885. S. 211.

Die Gesundheit des Landmannes ist unter den Tropen auch noch in anderer Weise bedroht. Die Bestellung der Felder hat er natürlich in der feuchten Jahreszeit vorzunehmen; seine Arbeitskraft muß also gerade dann den höchsten Anforderungen genügen, wenn die schädlichen Einwirkungen der Miasmen am meisten zu fürchten sind und mit Rücksicht darauf der Körper besonders geschont werden sollte. Ferner kommt der Landmann beim Aufackern eines von verwesten Pflanzenresten erfüllten Bodens in Gefahr, zahlreiche Fieberkeime aus der aufgewühlten Erde einzuatmen. An Stelle des kräftigen Geruchs frisch bearbeiteter Ackererde, an dem wir uns oft laben, bemerkt man hier einen Hauch der Verwesung, der ein beredter Zeuge ist von der Größe solcher Gefahr. Für den selbstthätigen Landmann eröffnen sich somit im tropischen Afrika höchst ungünstige Aussichten: denn sein Leben ist noch mehr bedroht als das eines Reisenden.

Viel günstiger als für die Feldarbeiter liegen die Verhältnisse für die Plantagenverwalter, am günstigsten aber für Kaufleute und Missionare, falls dieselben nicht reisen, sondern an gewissen Stationen verbleiben. Ihnen wird es nicht schwer werden, den Gefahren des Tropenklimas auszuweichen und einen längeren Teil des Lebens, wenn auch vielleicht mit einigen Unterbrechungen, in Gesundheit und Frische im tropischen Afrika zu verbringen.

Nach alledem sind die Gefahren, denen man in der Tropenzone ausgesetzt ist, bisher bedeutend überschätzt worden. Allerdings kann der europäische Landmann in dem Tropenklima seinem Berufe nicht nachgehen, und es ist deshalb zur Kolonisation Afrikas die Arbeitskraft des Negers unentbehrlich. Im übrigen jedoch vermag der Europäer, wie verschiedenartig seine Thätigkeit auch beschaffen sei, dem Tropenklima recht wohl zu widerstehen, falls er all den Forderungen Rechnung trägt, welche dasselbe an ihn stellt. Wer freilich die gewöhnlichsten Lebensregeln außer acht läßt und seinen Körper mit derselben Rücksichtslosigkeit behandelt, wie er dies vielleicht in Europa gethan hat, darf sich nicht beklagen, wenn er dem Klima bald erliegt. Doch ist er unter diesen Verhältnissen nicht ein Märtyrer seines Berufs, sondern ein Opfer seiner eigenen Unbedachtsamkeit und Thorheit.

Schulnachrichten.

I. Chronik.

Am 3. Mai fand die Aufnahmeprüfung statt. Zu derselben hatten sich 97 Aspiranten eingefunden, von denen indes 5 den an sie zu stellenden Anforderungen nicht genügten. Durch die Aufnahme der übrigen 92 stieg die Schülerzahl, die nach Ostern 471 betragen hatte, auf 563.

Am 4. Mai eröffnete der Rektor die Schule mit einer allgemeinen Andacht. Nach derselben wurde dem Cötus mitgeteilt, daß Herr Dr. Börner infolge einer Berufung an das Vitzthumsche Gymnasium aus dem Kreise der Lehrenden ausgetreten sei. Demnächst wurde Herr Dr. Karl Reiche vorgestellt, der durch die Verordnung vom 17. März zur Erstehung des Probejahres an unsere Schule gewiesen war, und Herr Johannes Rentsch, dem durch die Verordnung vom 6. Mai verstattet worden war, sein am Nikolaigymnasium begonnenes Probejahr hier fortzusetzen.

Dr. phil. Karl Friedrich Reiche, geboren am 31. Oktober 1860 zu Dresden, besuchte von Ostern 1874 an das Gymnasium zu Chemnitz und studierte von 1882 bis 86 in Leipzig Naturwissenschaften, insbesondere Botanik. Im März 1885 erwarb er sich den philosophischen Doktorgrad durch die Abhandlung über anatomische Veränderungen, welche in den Perianthkreisen der Blüte während der Entwickelung der Frucht vor sich gehen. Im Februar 1886 bestand er die Prüfung für die Kandidatur des höheren Schulamtes. Gleichzeitig mit seiner hiesigen Stellung wurde ihm eine Assistentenstelle für Botanik am Königl. Polytechnikum übertragen.

Johannes Rentsch wurde am 18. August 1861 zu Leipzig geboren. Am dortigen Nikolaigymnasium vorbereitet, studierte er von Ostern 1880 bis 85 zu Freiburg und Leipzig Philologie und Geschichte und genügte gleichzeitig seiner Militärpflicht als Einjährig-Freiwilliger. Nachdem er im Oktober 1885 das Examen für die Kandidatur des höheren Schulamtes bestanden hatte, trat er am 1. Januar 1886 sein Probejahr am Nikolaigymnasium an. Zu Anfang des Schuljahres wurde dem Kollegium die Verordnung vom 21. April mitgeteilt, welche eine neue Regelung der Gehaltsverhältnisse brachte. Für das große Wohlwollen, das sich in derselben kund giebt, unterläßt der Unterzeichnete nicht auch an dieser Stelle den ehrerbietigsten Dank auszusprechen.

Am 5. Mai wurde zur Nachfeier des Geburtstages Sr. Majestät des Königs Albert ein Festaktus in der Aula gehalten. Eröffnet wurde derselbe durch das Salvum fac regem von Hauptmann und ein Gebet des Herrn Dr. Frenkel. Die Festrede hielt Herr Oberlehrer Ihle. Derselbe legte zunächst Zeugnis ab von der Liebe und Verehrung, von welcher mit allen treuen Sachsen die Glieder unserer Anstalt gegen Se. Majestät den König und das ganze Königliche Haus erfüllt sind. Dann sprach er von dem gegenwärtigen Zustande der Gradmessungsarbeiten. Indem er das Wesen dieses mathematischen Problems und die Methode seiner Lösung an einer Darlegung der geschichtlichen Entwickelung charakterisierte, hob er besonders die drei Hauptepochen der höheren Geodäsie hervor: 1. die alexandrinische Zeit, in welcher unter der Voraussetzung einer kugelförmigen Erde gerechnet wurde, 2. die auf Newtons große Entdeckungen folgende Periode, während welcher man die Erde als ein Rotationsellipsoid auffaßte und die Abplattung zu bestimmen suchte, 3. die seit 1862 datierenden europäischen Gradmessungen, welche namentlich die Ermittelung der Abweichungen des Erdkörpers von seiner allgemeinen Figur zum Ziele haben. Hierauf